沈从文

傅雷

朱光潜

梁漱溟

季羡林

冯友兰

胡适

巴金

力量

与大师一起读书成长

季羡林 等著

国际文化出版公司
·北京·

做文先做人，学问即人生。

我的读书经验：精其选、解其言、知其意、明其理。

【目录】

世界文化的未来，就是中国文化的复兴。

人生实在是一本书，内容复杂，分量沉重，值得翻到个人所能翻到的最后一页，而且必须慢慢的翻。

只有把兴趣集中在事业上，学习上，艺术上，尽量地开凇小的自我，才有快活的可能，才觉得活得有意义……

无目的读书是散步而不是学习。

奋斗就是生活，人生惟有前进。

人要有出世的精神才可以做入世的事业。

季羡林：

天下第一好事，还是读书

天下第一好事，还是读书

古今中外赞美读书的名人和文章，多得不可胜数。张元济先生有一句简单朴素的话："天下第一好事，还是读书。""天下"而又"第一"，可见他对读书重要性的认识。

为什么读书是一件"好事"呢？

也许有人认为，这问题提得幼稚而又突兀。这就等于问："为什么人要吃饭"一样，因为没有人反对吃饭，也没有人说读书不是一件好事。

但是，我却认为，凡事都必须问一个"为什么"，事出都有因，不应当马马虎虎，等闲视之。现在就谈一谈我个人的认识，谈一谈读书为什么是一件好事。

凡是事情古老的，我们常常总说"自从盘古开天地"。我现在还要从盘古开天地以前谈起，从人类脱离了兽界进入人界开始谈。人变成了人以后，就开始积累人的智慧，这种智慧如滚雪球，越滚越大，也就是越积越多。禽兽似乎没有发现有这种本领。一只蠢猪一万年以前是这样蠢，到了今天仍然是这样蠢，没有增加什么智慧。人则不然，不但能随时增加智慧，而且根据我的观察，增加的速度越来越快，有如物体从高空下坠一般。到了今天，达到了知识爆炸的水平。最近一段时间以来，克隆使全世界的人都大吃一惊。有的人竟忧心忡忡，不知这种技术发展伊于胡底[①]。信耶稣教的人担心将来一旦克隆出来了人，他们的上帝将向何处躲藏。

人类千百年以来保存智慧的手段不出两端：一是实物，比如长城等等；二是书籍，以后者为主。在发明文字以前，保存智慧靠记忆；文字发明了以后，则使用书籍。把脑海里记忆的东西搬出来，搬到纸上，就形成了书籍，书籍是贮存人类代代相传的智慧的宝库。后一代的人必须读书，才能继承和发扬前人的智慧。人类之所以能够进步，永远不停地向前迈进，靠的就是能读书又能写书的本领。我常常想，人类向前发展，有如接力赛跑，第一代人跑第一棒，第二代人接过棒来，跑第二棒，以至第三棒、第四棒，永远跑下去，永无穷尽，这样智慧的传承也永无穷尽。这样的传承靠的主要就是书，书是事关人类智慧传承的大事，这样一来，读书不是"天下第一好事"又是什么呢？

但是，话又说了回来，中国历代都有"读书无用论"的说法。读书的知识分子，古代通称之为"秀才"，常常成为取笑的对象，比如说什么"秀才造反，三年不成"，是取笑秀才的无能。这话不无道理。在古代——请注意，我说的是"在古代"，今天已经完全不同了——

---

① 伊于胡底：一种感叹，对一些不好的现象表示感慨，意思是究竟要到什么时候为止，意同不堪设想。出自《诗经·小雅·小旻》。——编者注

造反而成功者几乎都是不识字的痞子流氓,中国历史上两个马上皇帝,开国"英主",刘邦和朱元璋,都属此类。诗人只有慨叹"可惜刘项不读书"。"秀才"最多也只有成为这一批地痞流氓的"帮忙"或者"帮闲",帮不上的就只好慨叹"儒冠多误身"了。

但是,话还要再说回来,中国悠久的优秀的传统文化的传承者,是这一批地痞流氓,还是"秀才"?答案皎如天日。这一批"读书无用论"的现身"说法"者的"高祖"、"太祖"之类,除了镇压人民剥削人民之外,只给后代留下了什么陵之类,供今天搞旅游的人赚钱而已。他们对我们国家竟无贡献可言。

总而言之,"天下第一好事,还是读书"。

我最喜爱的书

我在下面介绍的只限于中国文学作品。外国文学作品不在其中。我的专业书籍也不包括在里面，因为太冷僻。

（一）司马迁《史记》

《史记》这一部书，很多人都认为它既是一部伟大的史籍，又是一部伟大的文学作品。我个人同意这个看法。平常所称的《二十四史》中，尽管水平参差不齐，但是哪一部也不能望《史记》之项背。《史记》之所以能达到这个水平，司马迁的天才当然是重要原因；但是他的遭遇起的作用似乎更大。他无端受了宫刑，以致郁闷激愤之情溢满胸中，发而为文，句句皆带悲愤。他在《报任少卿书》中已有充分的表露。

（二）《世说新语》

这不是一部史书，也不是某一个文学家和诗人的总集，而只是一部由许多颇短的小故事编纂而成的奇书。有些篇只有短短几句话，连小故事也算不上。每一篇几乎都有几句或一句隽语，表面简单淳朴，内容却深奥异常，令人回味无穷。六朝和稍前的一个时期内，出了许多看来脾气相当古怪的人物，外似放诞，内实怀忧。他们的举动与常人不同。此书记录了他们的言行，短短几句话，而栩栩如生，令人难忘。

（三）陶渊明的诗

有人称陶渊明为"田园诗人"。笼统言之，这个称号是恰当的。他的诗确实与田园有关。"采菊东篱下，悠然见南山"，这样的名句几乎是家喻户晓的。从思想内容上来看，陶渊明颇近道家，中心是纯任自然。从文体上来看，他的诗简易淳朴，毫无雕饰，与当时流行的镂金错彩的骈文迥异其趣。因此，在当时以及以后的一段时间内，对他的诗的评价并不高，在《诗品》中，仅列为中品。但是，时间越后，评价越高，最终成为中国伟大诗人之一。

（四）李白的诗

李白是中国文学史上最伟大的天才之一，这一点是谁都承认的。杜甫对他的诗给予了最高的评价："白也诗无敌，飘然思不群。清新庾开府，俊逸鲍参军。"李白的诗风飘逸豪放。根据我个人的感受，读他的诗，只要一开始，你就很难停住，必须读下去。原因我认为是，李白的诗一气流转，这一股"气"不可抗御，让你非把诗读完不行。这在别的诗人作品中，是很难遇到的现象。在唐代，以及以后的一千多年中，对李白的诗几乎只有赞誉，而无批评。

（五）杜甫的诗

杜甫也是一个伟大的诗人，千余年来，李杜并称。但是二人的创作风格却迥乎不同：李是飘逸豪放，而杜则是沉郁顿挫。从使用的格律上，也可以看出二人的不同。七律在李白集中比较少见，而在杜甫集中则颇多。摆脱七律的束缚，李白是没有枷锁跳舞；杜甫善于使用七律，则是带着枷锁跳舞，二人的舞都达到了极高的水平。在文学批评史上，杜甫颇受到一些人的指摘，而对李白则绝无仅有。

（六）南唐后主李煜的词

后主词传留下来的仅有三十多首，可分为前后两期：前期仍在江南当小皇帝，后期则已降宋。后期词不多，但是篇篇都是杰作，纯用白描，不作雕饰，一个典故也不用，话几乎都是平常的白话，老妪能解；然而意境却哀婉凄凉，千百年来打动了千百万人的心。在词史上巍然成一大家，受到了文艺批评家的赞赏。但是，对王国维在《人间词话》中赞美后主有佛祖的胸怀，我却至今尚不能解。

（七）苏轼的诗文词

中国古代赞誉文人有三绝之说。三绝者，诗、书、画三个方面皆能达到极高水平之谓也，苏轼至少可以说已达到了五绝：诗、书、画、文、词。因此，我们可以说，苏轼是中国文学史和艺术史上最全面的伟大天才。论诗，他为宋代一大家。论文，他是唐宋八大家之一，笔墨凝重，大气磅礴。论书，他是宋代苏、黄、米、蔡四大家之首。论词，他摆脱了婉约派的传统，创豪放派，与辛弃疾并称。

（八）纳兰性德的词

宋代以后，中国词的创作到了清代又掀起了一个新的高潮。名家辈出，风格不同，又都能各极其妙，实属难能可贵。在这群灿若列星的词家中，我独独喜爱纳兰性德。他是大学士明珠的儿子，生长于荣华富贵中，然而却胸怀愁思，流溢于楮墨之间。这一点我至今还难以得到满意的解释。从艺术性方面来看，他的词可以说是已经达到了完美的境界。

（九）吴敬梓的《儒林外史》

胡适之先生给予《儒林外史》极高的评价。诗人冯至也酷爱此书。我自己也是极为喜爱《儒林外史》的。

此书的思想内容是反科举制度，昭然可见，用不着细说，它的特点在艺术性上。吴敬梓惜墨如金，从不作冗长的描述。书中人物众多，各有特性，作者只讲一个小故事，或用短短几句话，活脱脱一个人就仿佛站在我们眼前，栩栩如生。这种特技极为罕见。

（十）曹雪芹的《红楼梦》

在古今中外众多的长篇小说中，《红楼梦》是一颗璀璨的明珠，是状元。中国其他长篇小说都没能成为"学"，而"红学"则是显学。内容描述的是一个大家族的衰微的过程。本书特异之处也在它的艺术上。书中人物众多，男女老幼，主子奴才，五行八作，应有尽有。作者有时只用寥寥数语而人物就活灵活现，让读者永远难忘。读这样一部书，主要是欣赏它的高超的艺术手法。那些把它政治化的无稽之谈，都是不可取的。

我的读书经历

我于一九一一年八月六日生于山东省清平县（现并入临清市）官庄。我们家大概也小康过。可是到了我出生的时候，祖父母双亡，家道中落，形同贫农。父亲亲兄弟三人，无怙无恃，孤苦伶仃，一个送了人，剩下的两个也是食不果腹，衣不蔽体，饿得到枣林里去拣落到地上的干枣来吃。

六岁以前，我有一个老师马景恭先生。他究竟教了我些什么，现在完全忘掉了，大概只不过几个字罢了。六岁离家，到济南去投奔叔父。他是在万般无奈的情况下逃到济南去谋生的，经过不知多少艰难险阻，终于立定了脚跟。从那时起，我才算开始上学。曾在私塾里念过一些时候，念的不外是《百家姓》、《千字文》、《三字经》、《四书》之类。以后接着上小学。转学的时候，因为认识一个"骡"字，老师垂青，从高小开始念起。

　　我在新育小学考过甲等第三名、乙等第一名，不是拔尖的学生，也不怎样努力念书。三年高小，平平常常。有一件事值得提出来谈一谈：我开始学英语。当时正规小学并没有英语课。我学英语是利用业余时间，上课是在晚上。学的时间不长，只不过学了一点语法、一些单词而已。我当时有一个怪问题："有"和"是"都没有"动"的意思，为什么叫"动词"呢？后来才逐渐了解到，这只不过是一个译名不妥的问题。

　　我万万没有想到，就由于这一点英语知识，我在报考中学时沾了半年光。我这个人颇有点自知之明，有人说，我自知过了头。不管怎样，我幼无大志，却是肯定无疑的。当时山东中学的拿摩温是山东省立第一中学。我这个癞蛤蟆不敢吃天鹅肉，我连去报名的勇气都没有，我只报了一个"破"正谊。可这个学校考试时居然考了英语。出的题目是汉译英："我新得了一本书，已经读了几页，可是有些字我不认得。"我翻出来了，只是为了不知道"已经"这个词儿的英文译法而苦恼了很长时间。结果我被录取，不是一年级，而是一年半级。

　　在正谊中学学习期间，我也并不努力，成绩徘徊在甲等后几名、乙等前几名之间，属于上中水平。我们的学校濒临大明湖，风景绝美。一下课，我就跑到校后湖畔去钓虾、钓蛤蟆，不知用功为何物。但是，叔父却对我期望极大，要求极严。他自己亲自给我讲课，选了一本《课侄选文》，大都是些理学的文章。他并没有受过什么系统教育，但是他绝顶聪明，完全靠自学，经史子集都读了不少，能诗、善书，还能刻图章。他没有男孩子，一切希望都寄托在我身上。他严而慈，对我影响极大。我今天勉强学得了一些东西，都出于他之赐，我永远不会忘掉。根据他的要求，我在正谊下课以后，参加了一个古文学习班，读了《左传》、《战国策》、《史记》等书，当然对老师另给报酬。晚上，又要到尚实英文学社去学英文，一直到十点才回家。这样的日子，大概过了八年。我当时并没有感觉到有什么负担；但也不了解其深远意义，依然顽皮如故，摸鱼钓虾而已。现在回想起来，我今天这一点不管多么单薄的基础不是那时打下的吗？

至于我们的正式课程，国文、英、数、理、生、地、史都有。国文念《古文观止》一类的书，要求背诵。英文念《泰西五十轶事》、《天方夜谭》、《莎氏乐府本事》、《纳氏文法》等等。写国文作文全用文言，英文也写作文。课外，除了上补习班外，我读了大量的旧小说，什么《三国》、《西游》、《封神演义》、《说唐》、《说岳》、《济公传》、《彭公案》、《三侠五义》等等无不阅读。《红楼梦》我最不喜欢。连《西厢记》、《金瓶梅》一类的书，我也阅读。这些书对我有什么影响，我说不出，反正我并没有想去当强盗或偷女人。

初中毕业以后，在正谊念了半年高中。一九二六年转入新成立的山东大学附设高中。山东大学的校长是前清状元、当时的教育厅长王寿彭。他提倡读经。在高中教读经的有两位老师，一位是前清翰林或者进士，一位绰号"大清国"，是一个顽固的遗老。两位老师的姓名我都忘记了，只记住了绰号。他们上课，都不带课本，教《书经》和《易经》，都背得滚瓜烂熟，连注疏都在内，据说还能倒背。教国文的老师是王崑玉先生，是一位桐城派的古文作家，有自己的文集。后来到山东大学去当讲师了。他对我的影响极大。记得第一篇作文题目是《读＜徐文长传＞书后》。完全出我意料，这篇作文受到他的高度赞扬，批语是"亦简劲，亦畅达"。我在吃惊之余，对古文产生了浓厚的兴趣，弄到了《韩昌黎集》、《柳宗元集》，以及欧阳修、三苏等的文集，想认真钻研一番。谈到英文，由于有尚实英文学社的底子，别的同学很难同我竞争。还有一件值得一提的事情是，我也学了德文。

由于上面提到的那些，我在第一学期考了一个甲等第一名，而且平均分数超过九十五分。因此受到了王状元的嘉奖。他亲笔写了一副对联和一个扇面奖给我。这当然更出我意料。我从此才有意识地努力学习。要追究动机，那并不堂皇。无非是想保持自己的面子，决不能从甲等第一名落到第二名，如此而已。反正我在高中学习三年中，六次考试，考了六个甲等第一名，成了"六连贯"，自己的虚荣心得到了充分的满足。

这是不是就改变了我那幼无大志的情况呢？也并没有。我照样是鼠目寸光，胸无大志，我根本没有发下宏愿，立下大志，终身从事科学研究，成为什么学者。我梦寐以求的只不过是毕业后考上大学，在当时谋生极为困难的条件下，抢到一只饭碗，无灾无难，平平庸庸地度过一生而已。

一九二九年，我转入新成立的山东省立济南高中，学习了一年，这在我一生中是一个重要的阶段。特别是国文方面，这里有几个全国闻名的作家：胡也频、董秋芳、夏莱蒂、董每戡等等。前两位是我的业师。胡先生不遗余力地宣传现代文艺，也就是普罗文学。我也迷离模糊，读了一些从日文译过来的马克思主义文艺理论。我曾写过一篇《现代文艺的使命》，大概是东抄西抄，勉强成篇。不意竟受到胡先生垂青，想在他筹办的杂志上发表。不幸他被国民党反动派通缉，仓促逃往上海，不久遇难。我的普罗文学梦也随之消逝。接他工作的是董秋芳（冬芬）先生。我此时改用白话写作文，大得董先生赞扬，认为我同王联榜是"全校之冠"。这当然给了我极大的鼓励。我之所以五十年来舞笔弄墨不辍，至今将近耄耋之年，仍然不能放下笔，全出于董老师之赐，我毕生难忘。

在这里，虽然已经没有经学课程，国文课本也以白话为主。我自己却没有放松对中国旧籍的钻研。我阅读的范围仍然很广，方面仍然很杂。陶渊明、杜甫、李白、王维、李义山、李后主、苏轼、陆游、姜白石等诗人、词人的作品，我都读了不少。这对我以后的工作起了积极的影响。

一九三〇年，我高中毕业，到北平来考大学。由于上面说过的一些原因，当年报考中学时那种自卑心理一扫而光，有点接近狂傲了。当时考一个名牌大学，十分困难，录取的百分比很低。为了得到更多的录取机会，我那八十多位同班毕业生，每人几乎都报七八个大学。我却只报了北大和清华。结果我两个大学都考上了。经过一番深思熟虑，我选了清华，因为，我想，清华出国机会多。选系时，我选了西洋系。这个系分三个专修方向（specialized）：英文、德文、法文。只要选某种语言一至四年，就算是专修某种语言。其实这只是一个形式，因为英文是从小学就学起的，而德文和法文则是从字母学起。教授中外籍人士居多，不管是哪国人，上课都讲英语，连中国教授也多半讲英语。课程也以英国文学为主，课本都是英文的，有"欧洲文学史"、"欧洲古典文学"、"中世纪文学"、"文艺复兴文学"、"文艺批评"、"莎士比亚"、"英国浪漫诗人"、"近代长篇小说"、"文学概论"、"文艺心理学（美学）"、"西洋通史"、"大一国文"、"一二年级英语"等等。

我的专修方向是德文。四年之内，共有三个教授授课，两位德国人，一位中国人。尽管我对这些老师都怀念而且感激，但是，我仍然要说，他们授课相当马虎。四年之内，在课堂上，中国老师只说汉语，德国老师只说英语，从来不用德语讲课。结果是，学了四年德文，我们只能看书，而不能听和说。我的学士论文是"The Early Poems of Holderlin"，指导教授是 Ecke（艾克）。

在所有的课程中，我受益最大的不是正课，而是一门选修课：朱光潜先生的"文艺心理学"，还有一门旁听课：陈寅恪先生的"佛经翻译文学"。这两门课对我以后的发展有深远影响，可以说是一直影响到现在。我搞一点比较文学和文艺理论，显然是受了朱先生的熏陶；而搞佛教史、佛教梵语和中亚古代语言，则同陈先生的影响是分不开的。

顺便说一句，我在大学，课余仍然继续写作散文，发表在当时颇有权威性的报刊上。我可万万没有想到，那样几篇散文竟给我带来了好处。一九三四年，清华毕业，找工作碰了钉子。母校山东济南高中的校长宋还吾先生邀我回母校任国文教员。我那几篇散文就把我制成了作家，而当时的逻辑是，只要是作家就能教国文。我可是在心里直打鼓：我怎么能教国文呢？但是，快到秋天了，饭碗还没有拿到手，我于是横下了一条心：你敢请我，我就敢去！我这个西洋文学系的毕业生一变而为国文教员。我就靠一部《辞源》和过去读的那一些旧书，堂而皇之当起国文教员来。我只有二十三岁，班上有不少学生比我年龄大三四岁，而且在家乡读过私塾。我实在是如履薄冰。

教了一年书，到了一九三五年，上天又赐给一个良机。清华大学与德国签订了交换研究生的协定。我报名应考，被录取。这一年的深秋，我到了德国哥廷根大学，开始了国外的学习生活。我选的主系是印度学，两个副系是英国语言学和斯拉夫语言学。我学习了梵文、巴利文、俄文、南斯拉夫文、阿拉伯文等等，还选了不少的课。教授是 Sieg、Waldschmidt、Braun 等等。

这时第二次世界大战正在剧烈进行。德国被封锁，什么东西也输入不进来，要吃没吃，要穿没穿。大概有四五年的时间，我忍受了空前的饥饿，终日饥肠辘辘，天上还有飞机轰炸。我怀念祖国和家庭。"烽火连六年，家书抵亿金。"实际上我一封家书都收不到。就在这样十分艰难困苦的条件下，我苦读不辍。一九四一年，通过论文答辩和口试，以全优成绩，获得哲学博士学位。我的博士论文是：《〈大事〉中伽陀部分限定动词的变格》。

在这一段异常困苦的时期，最使我感动的是德国老师的工作态度和对待中国学生的态度。我是一个素昧平生的异邦青年，他们不但没有丝毫歧视之意，而且爱护备至，循循善诱。Waldschmidt 教授被征从军，Sieg 教授以耄耋之年，毅然出来代课。其实我是唯一的博士生，他教的对象也几乎就是我一个人。他把他的看家本领都毫无保留地传给我。他给我讲了《梨俱吠陀》，《波你尼语法》，Patanjali 的《大疏》、《十王子传》等。他还一定坚持要教我吐火罗文。他是这个语言的最高权威，是他把这本天书读通了的。我当时工作极多，又患神经衰弱，身心负担都很重。可是看到这位老人那样热心，我无论如何不能让老人伤心，便遵命学了起来。同学的还有比利时的 W·Couvreur 博士，后来成了名教授。

谈到工作态度，我的德国老师都是楷模。他们的学风都是异常的认真、细致、谨严。他们写文章，都是再三斟酌，多方讨论，然后才发表。德国学者的"彻底性"（Grundlichkeit）是名震寰宇的。对此我有深切的感受。可惜后来由于环境关系，我没能完全做到。真有点愧对我的德国老师了。

从一九三七年起，我兼任哥廷根大学汉学系讲师。这个系设在一座大楼的二层上，几乎没有人到这座大楼来，因此非常清静。系的图书室规模相当大，在欧洲颇有一些名气。许多著名的汉学家到这里来看书，我就碰到不少，其中最著名的有英国的 Arthur Waley 等。我在这里也读了不少的中国书，特别是笔记小说以及佛教大藏经，扩大了我在这方面的知识面。

我在哥廷根呆了整整十个年头。一九四五年秋冬之交，我离开这里到瑞士去，住了将近半年。一九四六年春末，取道法国、越南、香港，夏天回到了别离将近十一年的祖国。

我的留学生活，也可以说是我的整个学生生活就这样结束了。这一年我三十五岁。

一九四六年秋天，我到北京大学来任教授，兼东方语言文学系主任。是我的老师陈寅恪先生把我介绍给胡适、傅斯年、汤用彤三位先生的。按当时北大的规定：在国外获得博士学位回国的，只能任副教授。对我当然也要照此办理。也许是我那几篇在哥廷根科学院院刊上发表的论文起了作用，我到校后没有多久，汤先生就通知我，我已定为教授。从那时到现在时光已经过去了四十二年，我一直没有离开北大过。期间我担任系主任三十来年，担任副校长五年。一九五六年，我当选中国科学院学部委员。十年浩劫中靠边站，挨批斗，符合当时的"潮流"。现在年近耄耋，仍然搞教学、科研工作，从事社会活动，看来离八宝山还有一段距离。以上这一切都是平平常常的经历，没有什么英雄业绩，我就不再啰嗦了。

我体会，一些报刊之所以要我写自传的原因，是想让我写点什么治学经验之类的东西。那么，在长达六十年的学习和科研活动中，我究竟有些什么经验可谈呢？粗粗一想，好像很多；仔细考虑，无影无踪。总之是卑之无甚高论。不管好坏，鸳鸯我总算绣了一些。至于金针则确乎没有，至多是铜针、铁针而已。

我记得，鲁迅先生在一篇文章中讲了一个笑话：一个江湖郎中在市集上大声吆喝，叫卖治臭虫的妙方。有人出钱买了一个纸卷，层层用纸严密裹住。打开一看，妙方只有两个字：勤捉。你说它不对吗？不行，它是完全对的。但是说了等于不说。我的经验压缩成两个字是勤奋。再多说两句就是：争分夺秒，念念不忘。灵感这东西不能说没有，但是，它不是从天上掉下来的，而是勤奋出灵感。

上面讲的是精神方面的东西，现在谈一点具体的东西。我认为，要想从事科学研究工作，应该在四个方面下工夫：一、理论；二、知识面；三、外语；四、汉文。唐代刘知几主张，治史学要有才、学、识。我现在勉强套用一下，理论属识，知识面属学，外语和汉文属才，我在下面分别谈一谈。

一、理论

现在一讲理论，我们往往想到马克思主义。这样想，不能说不正确。但是，必须注意几点。一、马克思主义随时代而发展，绝非僵化不变的教条。二、不要把马克思主义说得太神妙，令人望而生畏，对它可以批评，也可以反驳。我个人认为，马克思主义的精髓就是唯物主义和辩证法。唯物主义就是实事求是。把黄的说成是黄的，是唯物主义。把黄的说成是黑的，是唯心主义。事情就是如此简单明了。哲学家们有权利去作深奥的阐述，我辈外行，大可不必。至于辩证法，也可以作如是观。看问题不要孤立，不要僵死，要注意多方面的联系，在事物运动中把握规律，如此而已。我这种幼儿园水平的理解，也许更接近事实真相。

除了马克思主义以外，古今中外一些所谓唯心主义哲学家的著作，他们的思维方式和推理方式，也要认真学习。我有一个奇怪的想法：百分之百的唯物主义哲学家和百分之百的唯心主义哲学家，都是没有的。这就和真空一样，绝对的真空在地球上是没有的。中国古话说："智者千虑，必有一失"，就是这个意思。因此，所谓唯心主义哲学家也有不少东西值得我们学习。我们千万不要像过去那样把十分复杂的问题简单化和教条化，把唯心主义的标签一贴，就"奥伏赫变"。

二、知识面

要求知识面广，大概没有人反对。因为，不管你探究的范围多么窄狭，多么专业，只有在知识广博的基础上，你的眼光才能放远，你的研究才能深入。这样说已经近于常识，不必再做过多的论证了。我想在这里强调一点，这就是，我们从事人文科学和社会科学研究的人，应该学一点科学技术知识，能够精通一门自然科学，那就更好。今天学术发展的总趋势是，学科界线越来越混同起来，边缘学科和交叉学科越来越多。再像过去那样，死守学科阵地，鸡犬之声相闻，老死不相往来，已经完全不合时宜了。此外，对西方当前流行的各种学术流派，不管你认为多么离奇荒诞，也必须加以研究，至少也应该了解其轮廓，不能简单地盲从或拒绝。

三、外语

外语的重要性，尽人皆知。若再详细论证，恐成蛇足。我在这里只想强调一点：从今天的世界情势来看，外语中最重要的是英语，它已经成为名副其实的世界语。这种语言，我们必须熟练掌握，不但要能读，能译，而且要能听，能说，能写。今天写学术论文，如只用汉语，则不能出国门一步，不能同世界各国的同行交流。如不能听说英语，则无法参加国际学术会议。情况就是如此地咄咄逼人，我们不能不认真严肃地加以考虑。

四、汉文

我在这里提出汉语来，也许有人认为是非常异议可怪之论。"我还不能说汉语吗？""我还不能写汉文吗？"是的，你能说，也能写。然而仔细一观察，我们就不能不承认，我们今天的汉语水平是非常成问题的。每天出版的报章杂志，只要稍一注意，就能发现别字、病句。我现在越来越感到，真要想写一篇准确、鲜明、生动的文章，绝非轻而易举。要能做到这一步，还必须认真下点工夫。我甚至想到，汉语掌握到一定程度，想再前进一步，比学习外语还难。只有承认这一个事实，我们的汉语水平才能提高，别字、病句才能减少。

我在上面讲了四个方面的要求。其实这些话都属于老生常谈，都平淡无奇。然而真理不往往就寓于平淡无奇之中吗？这同我在上面引鲁迅先生讲的笑话中的"勤捉"一样，看似平淡，实则最切实可行，而且立竿见影。我想到这样平凡的真理，不敢自秘，便写了出来，其意不过如野叟献曝而已。

我现在想谈一点关于进行科学研究指导方针的想法。六七十年前胡适先生提出来的"大胆的假设，小心的求证"，我认为是不刊之论，是放之四海而皆准的方针。古今中外，无论是社会科学，还是自然科学，概莫能外。在那一段教条主义猖獗、形而上学飞扬跋扈的时期内，这个方针曾受到多年连续不断的批判。我当时就百思不得其解。试问哪一个学者能离开假设与求证呢？所谓大胆，就是不为过去的先入之见所限，不为权威所围，能够放开眼光，敞开胸怀，独具只眼，另辟蹊径，提出自己的假设，甚至胡思乱想，想入非非，亦无不可。如果连这一点胆量都不敢有，那只有循规蹈矩，墨守成法，鼠目寸光，拾人牙慧，个人决不会有创造，学术决不会进步。这一点难道还不明白，还要进行烦琐的论证吗？

总之，我要说，一要假设，二要大胆，缺一不可。

但是，在提倡大胆的假设的同时，必须大力提倡小心的求证。一个人的假设，决不会一提出来就完全符合实际情况，有一个随时修改的过程。我们都有这样一个经验：在想到一个假设时，自己往往诧为"神来之笔"，是"天才火花"的闪烁，而狂欢不已。可是这一切都并不是完全可靠的。假设能不能成立，完全依靠求证。求证要小心，要客观，决不允许厌烦，更不允许马虎。要从多层次、多角度上来求证，从而考验自己的假设是否正确，或者正确到什么程度，哪一部分正确，哪一部分又不正确。所有这一切都必须实事求是，容不得丝毫私心杂念，一切以证据为准。证据否定掉的，不管当时显得多么神奇，多么动人，都必须毅然毫不吝惜地加以扬弃。部分不正确的，扬弃部分。全部不正确的，扬弃全部。事关学术良心，决不能含糊。可惜到现在还有某一些人，为了维护自己"奇妙"的假设，不惜歪曲证据，剪裁证据。对自己的假设有用的材料，他就用；没有用的、不利的，他就视而不见，或者见而掩盖。这都是"缺德"（史德也）的行为，我期期以为不可。至于剽窃别人的看法或者资料，而不加以说明，那是小偷行为，斯下矣。

总之，我要说，一要求证，二要小心，缺一不可。

我刚才讲的"史德"，是借用章学诚的说法。他把"史德"解释成"心术"。我在这里讲的也与"心术"有关，但与章学诚的"心术"又略有所不同。有点引申的意味。我的中心想法是不要骗自己，不要骗读者。做到这一步，是有德。否则就是缺德。写什么东西，自己首先要相信。自己不相信而写出来要读者相信，不是缺德又是什么呢？自己不懂而写出来要读者懂，不是缺德又是什么呢？我这些话绝非无中生有，无的放矢。我都有事实根据。我以垂暮之年，写了出来，愿与青年学者们共勉之。

现在再谈一谈关于搜集资料的问题。进行科学研究，必须搜集资料，这是不易之理。但是，搜集资料并没有什么一定之规。最常见的办法是使用卡片，把自己认为有用的资料抄在上面，然后分门别类，加以排比。可这也不是唯一的办法。陈寅恪先生把有关资料用眉批的办法，今天写上一点，明天写上一点，积之既久，资料多到能够写成一篇了，就从眉批移到纸上，就是一篇完整的文章。比如，他对《高僧传·鸠摩罗什传》的眉批，竟比原文还要多几倍，是一个典型的例子。我自己既很少写卡片，也从来不用眉批，而是用比较大张的纸，把材料写上。有时候随便看书，忽然发现有用的材料，往往顺手拿一些手边能拿到的东西，比如通知、请柬、信封、小纸片之类，把材料写上，再分类保存。我看到别人也有这个情况，向达先生有时就把材料写在香烟盒上。用比较大张的纸有一个好处，能把有关的材料都写在上面，约略等于陈先生的眉批。卡片面积太小，这样做是办不到的。材料抄好以后，要十分认真细心地加以保存，最好分门别类装入纸夹或纸袋。否则，如果一时粗心大意丢上张把小纸片，上面记的可能是至关重要的材料，这样会影响你整篇文章的质量，不得不黾勉从事。至于搜集资料要巨细无遗，要有竭泽而渔的精神，这是不言自喻的。但是，要达到百分之百的完整的程度，那也是做不到的。不过我们千万要警惕，不能随便搜集到一点资料，就动手写长篇论文。这样写成的文章，其结论之不可靠是显而易见的。与此有联系的就是要注意文献目录。只要与你要写的文章有关的论文和专著的目录，你必须清楚。否则，人家已经有了结论，而你还在卖劲地论证，必然贻笑方家，不可不慎。

我想顺便谈一谈材料有用无用的问题。严格讲起来，天下没有无用的材料，问题是对谁来说，在什么时候说。就是对同一个人，也有个时机问题。大概我们都有这样的经验：只要你脑海里有某一个问题，一切资料，书本上的、考古发掘的、社会调查的等等，都能对你有用。搜集这样的资料也并不困难，有时候资料简直是自己跃入你的眼中。反之，如果你脑海里没有这个问题，则所有这样的资料对你都是无用的。但是，一个人脑海里思考什么问题，什么时候思考什么问题，有时候自己也掌握不了。一个人一生中不知要思考多少问题。当你思考甲问题时，乙问题的资料对你没有用。可是说不定什么时候你会思考起乙问题来。你可能回忆起以前看书时曾碰到过这方面的资料，现在再想去查找，可就"云深不知处"了。这样的经验我一生不知碰到多少次了，想别人也必然相同。

那么怎么办呢？最好脑海里思考问题，不要单打一，同时要思考几个，而且要念念不忘，永远不让自己的脑子停摆，永远在思考着什么。这样一来，你搜集面就会大得多，漏网之鱼也就少得多。材料当然也就积累得多，养兵千日，用兵一时；一旦用起来，你就左右逢源了。

最后还要谈一谈时间的利用问题。时间就是生命，这是大家都知道的道理。而且时间是一个常数，对谁都一样，谁每天也不会多出一秒半秒。对我们研究学问的人来说，时间尤其珍贵，更要争分夺秒。

但是各人的处境不同，对某一些人来说就有一个怎样利用时间的"边角废料"的问题。这个怪名词是我杜撰出来的。时间摸不着看不见，但确实是一个整体，哪里会有什么"边角废料"呢？这只是一个形象的说法。平常我们做工作，如果一整天没有人和事来干扰，你可以从容濡笔，悠然怡然，再佐以龙井一杯，云烟三支，神情宛如神仙，整个时间都是你的，那就根本不存在什么"边角废料"问题。但是有多少人能有这种神仙福气呢？鲁钝如不佞者几十年来就做不到。建国以来，我搞了不知多少社会活动，参加了不知多少会，每天不知有多少人来找，心烦意乱，啼笑皆非。回想十年浩劫期间，我成了"不可接触者"，除了蹲牛棚外，在家里也是门可罗雀。《罗摩衍那》译文八巨册就是那时候的产物。难道为了读书写文章就非变成"不可接触者"或者右派不行吗？浩劫一过，我又是门庭若市，而且参加各种各样的会，终日马不停蹄。我从前读过马雅可夫斯基的《开会迷》和张天翼的《华威先生》，觉得异常可笑，岂意自己现在就成了那一类人物，岂不大可哀哉！但是，人在无可奈何的情况下是能够想出办法来的。现在我既然没有完整的时间，就挖空心思利用时间的"边角废料"。在会前、会后，甚至在会中，构思或动笔写文章。有不少会，讲话空话废话居多，传递的信息量却不大，态度欠端，话风不正，哼哼哈哈，不知所云，又佐之以"这个"、"那个"，间之以"唵"、"啊"，白白浪费精力，效果却是很少。在这时候，我往往只用一个耳朵或半个耳朵去听，就能兜住发言的全部信息量，而把剩下的一个耳朵或一个半耳朵全部关闭，把精力集中到脑海里，构思，写文章。当然，在飞机上，火车上，汽车上，甚至自行车上，特别是在步行的时候，我脑海里更是思考不停。这就是我所说的利用时间的"边角废料"。积之既久，养成"恶"习，只要在会场一坐，一闻会味，心花怒放，奇思妙想，联翩飞来；"天才火花"，闪烁不停；此时文思如万斛泉涌，在鼓掌声中，一篇短文即可写成，还耽误不了鼓掌。倘多日不开会，则脑海活动，似将停止，"江郎"仿佛"才尽"。此时我反而期望开会了。这真叫做没有法子。

我在上面拉杂地写了自己七十年的自传。总起来看，没有大激荡，没有大震动，是一个平凡人的平凡的经历。我谈的治学经验，也都属于"勤捉"之类，卑之无甚高论。比较有点价值的也许是那些近乎怪话的意见。古人云："修辞立其诚。"我没有说谎话，只有这一点是可以告慰自己，也算是对得起别人的。

对我影响最大的几本书

我是一个最枯燥乏味的人，枯燥到什么嗜好都没有。我自比是一棵只有枝干并无绿叶更无花朵的树。

如果读书也能算是一个嗜好的话，我的唯一嗜好就是读书。

我读的书可谓多而杂，经、史、子、集都涉猎过一点，但极肤浅，小学中学阶段，最爱读的是"闲书"（没有用的书），比如《彭公案》、《施公案》、《洪公传》、《三侠五义》《小五义》、《东周列国志》、《说岳》、《说唐》等等，读得如醉似痴。《红楼梦》等古典小说是以后才读的。读这样的书是好是坏呢？从我叔父眼中来看，是坏。但是，我却认为是好，至少在写作方面是有帮助的。

至于哪几部书对我影响最大，几十年来我一贯认为是两位大师的著作：在德国是亨利希·吕德斯，我老师的老师；在中国是陈寅恪先生。两个人都是考据大师，方法缜密到神奇的程度，从中也可以看出我个人兴趣之所在。我禀性板滞，不喜欢玄之又玄的哲学。我喜欢能摸得着看得见的东西，而考据正合吾意。

吕德斯是世界公认的梵学大师。研究范围颇广，对印度的古代碑铭有独到深入的研究。印度每有新碑铭发现而又无法读通时，大家就说："到德国去找吕德斯去！"可见吕德斯权威之高。印度两大史诗之一的《摩诃婆罗多》从核心部分起，滚雪球似的一直滚到后来成型的大书，其间共经历了七八百年。谁都知道其中有不少层次，但没有一个人说得清楚。弄清层次问题的又是吕德斯。在佛教研究方面，他主张有一个"原始佛典"（Urkanon），是用古代半摩揭陀语写成的，我个人认为这是千真万确的事；欧美一些学者不同意，却又拿不出半点可信的证据。吕德斯著作极多，中短篇论文集为一书的《古代印度语文论丛》，是我一生受影响最大的著作之一。这书对别人来说，可能是极为枯燥的，但是，对我来说却是一本极为有味、极有灵感的书，读之如饮醍醐。

在中国，影响我最大的书是陈寅恪先生的著作，特别是《寒柳堂集》、《金明馆丛稿》。寅恪先生的考据方法同吕德斯先生基本上是一致的，不说空话，无证不信。二人有异曲同工之妙。我常想，寅恪先生从一个不大的切入口切入，如剥春笋，每剥一层，都是信而有征，让你非跟着他走不行，剥到最后，露出核心，也就是得到结论，让你恍然大悟：原来如此，你没有法子不信服。寅恪先生考证不避琐细，但绝不是为考证而考证，小中见大，其中往往含着极大的问题。比如，他考证杨玉环是否以处女入宫。这个问题确极猥琐，不登大雅之堂。无怪一个学者说：这太 Trivial（微不足道）了。焉知寅恪先生是想研究李唐皇族的家风。在这个问题上，汉族与少数民族看法是不一样的。

寅恪先生是从看似细微的问题入手探讨文化问题，由小及大，使自己的立论坚实可靠。看来这位说那样话的学者是根本不懂历史的。

在一次闲谈时，寅恪先生问我，《梁高僧传》卷 2《佛图澄传》中载有铃铛的声音："秀支替戾冈，仆谷劬秃当"，是哪一种语言？原文说是羯语，不知何所指？我到今天也回答不出来。由此可见寅恪先生读书之细心，注意之广泛。他学风谨严，在他的著作中到处可以给人以启发。读他的文章，简直是一种最高的享受。读到兴会淋漓时，真想浮一大白。

中德这两位大师有师徒关系，寅恪先生曾受学于吕德斯先生。这两位大师又同受战争之害，吕德斯生平致力于 Molā navarga 之研究，几十年来批注不断。二战时手稿被毁。寅恪师生平致力于读《世说新语》，几十年来眉注累累。日寇入侵，逃往云南，此书丢失于云南。假如这两部书能流传下来，对梵学国学将是无比重要之贡献。然而先后毁失，为之奈何！

冯友兰

我的读书经验

我的读书经验

我今年八十七岁[①]了，从七岁上学起就读书，一直读了八十年，其间基本上没有间断，不能说对于读书没有一点经验。我所读的书，大概都是文、史、哲方面的，特别是哲。我的经验总结起来有四点儿：（1）精其选，（2）解其言，（3）知其意，（4）明其理。

先说第一点。古今中外，积累起来的书真是多极了，真是浩如烟海。但是，书虽多，有永久价值的还是少数。可以把书分为三类，第一类是要精读的，第二类是可以泛读的，第三类是只供翻阅的。所谓精读，是说要认真地读，扎扎实实地一个字一个字地读。所谓泛读，是说可以粗枝大叶地读，只要知道它大概说的是什么就行了。所谓翻阅，是说不要一个字一个字地读，不要一句话一句话地读，也不要一

---

① 写于 1982 年。——编者注

页一页地读。就像看报纸一样，随手一翻，看着大字标题，觉得有兴趣的地方就大略看看，没有兴趣的地方就随手翻过。听说在中国初有报纸的时候，有些人捧着报纸，就像念"五经""四书"一样，一字一字地高声朗诵。照这个办法，一天的报纸，念一年也念不完。大多数的书，其实就像报纸上的新闻一样，有些可能轰动一时，但是昙花一现，不久就过去了。所以，书虽多，真正值得精读的并不多。下面所说的就指值得精读的书而言。

怎样知道哪些书是值得精读的呢？对于这个问题不必发愁。自古以来，已经有一位最公正的评选家，有许多推荐者向他推荐好书。这个评选家就是时间，这些推荐者就是群众。历来的群众，把他们认为有价值的书，推荐给时间。时间照着他们的推荐，对于那些没有永久价值的书都刷下去了，把那些有永久价值的书流传下来。从古以来流传下来的书，都是经过历来群众的推荐，经过时间的选择，流传了下来。我们看见古代流传下来的书，大部分都是有价值的，我们心里觉得奇怪，怎么古人写的东西都是有价值的。其实这没有什么奇怪，他们所作的东西，也有许多没有价值的，不过这些没有价值的东西，没有为历代群众所推荐，在时间的考验上，落了选，被刷下去了。现在我们所称为"经典著作"或"古典著作"的书都是经过时间考验，流传下来的。这一类的书都是应该精读的书。当然随着时间的推移和历史的发展，这些书之中还要有些被刷下去。不过直到现在为止，它们都是榜上有名的，我们只能看现在的榜。

我们心里先有了这个数，就可随着自己的专业选定一些须要精读的书。这就是要一本一本地读，所以在一段时间内只能读一本书，一本书读完了才能读第二本。在读的时候，先要解其言。这就是说，首先要懂得它的文字；它的文字就是它的语言。语言有中外之分，也有古今之别。就中国的汉语笼统地说，有现代汉语，有古代汉语，古代汉语统称为古文。详细地说，古文之中又有时代的不同，有先秦的古文，有两汉的古文，有魏晋的古文，有唐宋的古文。中国汉族的古书，都是用这些不同的古文写的。这些古文，都是用一般汉字写的，但是仅只认识汉字还不行。我们看不懂古人用古文写的书，古人也不会看懂我们现在的《人民日报》。这叫语言文字关。攻不破这道关，就看不见这道关里边是什么情况，不知道关里边是些什么东西，只好在关外指手画脚，那是不行的。我所说的解其言，就是要攻破这一道语言文字关。当然要攻这道关的时候，要先作许多准备，用许多工具，如字典和词典等工具书之类。这是当然的事，这里就不多谈了。

中国有句老话说是"书不尽言，言不尽意"，意思是说，一部书上所写的总要比写那部书的人的话少，他所说的话总比他的意思少。一部书上所写的总要简单一些，不能像他所要说的话那样啰嗦。这个缺点倒有办法可以克服。只要他不怕啰嗦就可以了。好在笔墨纸张都很便宜。文章写得啰嗦一点无非是多费一点笔墨纸张，那也不是了不起的事。可是言不尽意那种困难，就没有法子克服了。因为语言总离不了概念，概念对于具体事物来说，总不会完全合适，不过是一个大概轮廓而已。比如一个人说，他牙痛。牙是一个概念，痛是一个概念，牙痛又是一个概念。其实他不仅止于牙痛而已。那个痛，有一种特别的痛法，有一定的大小范围，有一定的深度。这都是很复杂的情况，不是仅仅牙痛两个字所能说清楚的，无论怎样啰嗦他也说不出来的，言不尽意的困难就在于此。所以在读书的时候，即使书中的字都认得了，话全懂了，还未必能知道作书的人的意思。从前人说，读书要注意字里行间，又说读诗要得其"弦外音"，这是说要在文字以外体会它的精神实质。这就是知其意。司马迁说过"好学深思之士，心知其意。"意是离不开语言文字的，但有些是语言文字所不能完全表达出来的。如果仅只局限于语言文字，死抓住语言文字不放，那就成为死读书了。死读书的人就是书呆子。语言文字是帮助了解书的意思的拐棍。既然知道了那个意思以后，最好扔了拐棍。这就是古人所说的"得意妄言"。在人与人的关系中，过河拆桥是不道德的事。但是，在读书中，就是要过河拆桥。

上面所说的"书不尽言"，"言不尽意"之外，还可再加一句"意不尽理"。理是客观的道理，意是著书的人的主观的认识和判断。也就是客观的道理在他的主观上的反映。理和意既然有主观客观之分，意和理就不能完全相合。人总是人，不是全知全能。他的主观上的反映、体会和判断，和客观的道理总要有一定的差距，有或大或小的错误。所以读书仅至得其意还不行，还要明其理，才不至于为前人的意所误。如果明其理了，我就有我自己的意。我的意当然也是主观的，也可能不完全合乎客观的理。但我可以把我的意和前人的意互相比较，互相补充，互相纠正。这就可能有一个比较正确的意。这个意是我的，我就可以用它处理事务，解决问题。好像我用我自己的腿走路，只要我心里一想走。腿就自然而然地走了。读书到这个程度就算是能活学活用，把书读活了。会读书的人能把死书读活；不会读书的人能把活书读死。把死书读活，就能把书为我所用，把活书读死，就是把我为书所用。能够用书而不为书所用，读书就算读到家了。

从前有人说过"六经注我，我注六经"。自己明白了那些客观的道理，自己有了意，把前人的意作为参考，这就是"六经注我"。不明白那些客观的道理，甚而至于没有得古人所有的意，而只在语言文字上推敲，那就是"我注六经"。只有达到"六经注我"的程度，才能真正地"我注六经"。

与印度泰谷尔 ① 谈话

　　我自从到美国以来，看见一个外国事物，总好拿它同中国的比较一下。起头不过是拿具体的、个体的事物比较，后来渐及于抽象的、普通的事物；最后这些比较结晶为一大问题，就是东西洋文明的比较。这个大问题，现在世上也不知有能解答他的人没有。前两天到的《北京大学日刊》上面，登有梁漱溟先生的"东西洋文明及其哲学"的讲演，可惜只登出结论，尚未见正文。幸喜印度泰谷尔（Rabindranath Tagore）先生到纽约来了，他在现在总算是东方的一个第一流人物，对于这个问题，总有可以代表一大部分东方人的意见。所以我于十一月三十日到楼房去见他，问他这个问题。现在将当日问询情形，写在下面。顶格写的是他的话，低一点写的是我的话。

035

---

① 即泰戈尔。——编者注

中国是几千年的文明国家，为我素所敬爱。我从前到日本没到中国，至今以为遗憾。后有一日本朋友，请我再到日本，我想我要再到日本，可要往中国去，而不朝见朋友，现在死了，然而我终究要到中国去一次的。我自到纽约，还没有看见一个中国人，你前天来信，说要来见我，我觉得很喜欢。

现在中国人民的知识欲望，非常发达，你要能到中国一行，自然要大受欢迎。中国古代文明，固然很有可观，但现在很不适时。自近年以来，我们有一种新运动，想把中国的旧东西，哲学、文学、美术，以及一切社会组织，都从新改造，以适应现在的世界……

适应吗？那自然是不可缓的。我现在先说我这次来美国的用意。我们是亚洲文明，可分两派，东亚洲中国、印度、日本为一派，西亚洲波斯、阿拉伯等为一派，今但说东亚洲。中国、印度的哲学，虽不无小异，而大同之处很多。西洋文明，所以盛者，因为他的势力，是集中的。试到伦敦、巴黎一看，西洋文明全体可以一目了然，即美国哈佛大学，也有此气象。我们东方诸国却如一盘散沙，不互相研究，不互相团结，所以东方文明一天衰败一天了。我此次来美就是想募款，建一大学，把东方文明，聚在一处来研究。什么该存，什么该废，我们要用我们自己的眼光来研究，来决定，不可听西人模糊影响的话。我们的文明，也许错了，但是不研究怎么知道呢？

我近来心中常有一个问题，就是东西洋文明的差异，是等级的差异（Difference of degree），是种类的差异（Difference of kind）？

此问题我能答之，他是种类的差异。西方的人生目的是"活动"（Activity），东方的人生目的是"实现"（Realization）。西方讲活动进步，而其前无一定目标，所以活动渐渐失其均衡。现只讲增加富力，各事但求"量"之增进。所以各国自私自利、互相冲突。依东方之说，人人都已自己有真理了。不过现有所蔽；去其蔽而真白实现。

中国老子有句话是"为学日益，为进日损。"西方文明是"日益"；东方文明是"日损"，是不是？

是。

但是东方人生，失于太静（Passive），是吃"日损"的亏不是？太静固然，但是也是真理（Truth）。真理有动（Active）、静（Passive）两方面：譬如声音是静，歌唱是动；足力是静，走路是动。动常变而静不变；譬如我自小孩以至现在，变的很多，而我泰谷尔仍是秦谷尔，这是不变的。东方文明譬如声音，西方文明，譬如歌唱：两样都不能偏废；有静无动，则成为"惰性"（Inertia）；有动无静，则如建楼阁于沙上。现在东方所能济西方的是"智慧"（Wisdom），西方所能济东方的是"活动"（Activity）。

是。

那么静就是所谓体（Capacity），动就是所谓用（Action）了。

如你所说，吾人仍应于现在之世界上讨生活。何以佛说：现在世界，是元明所现，所以不要现在世界？

这是你误信西洋人所讲的佛教了。西人不懂佛教，即英之达维思夫人（Mis.Rys Davids），尚须到印度学几年才行。佛说不要现在世界者，是说：人为物质的身体所束缚，所以一切不；若要一切皆真，则须先消极的将内欲去尽，然后真心现其大用，而真正完全之爱出，爱就是真。佛教有二派：一小乘（Hina-yana），专从消极一方面说；一大乘（Maha-yana），专从积极一方面说。佛教以爱为主，试问若不积极，怎样能施其爱？古来许多僧徒，牺牲一切以传教，试问他们不积极能如此么？没有爱能如此么？

依你所说：东方以为，真正完全之爱，非侠人欲净尽不能出；所以先"日损"而后"日益"。西方却想于人欲中求爱，起首就"日益"了。是不是？

是。

然则现在之世界，是好是坏？

也好也坏。我说他好者，因为他能助心创造（Creation）；我说他坏者，因为他能为心之阻碍（Obstruction）。如一块顽石，是为人之阻碍；若裂成器具，则是为人用。又如学一语言，未学会时，见许多生字，是为阻碍；而一学会时，就可利用之以做文章了。

依你所说：则物为心创造之材料，是不是？

是，心物二者，缺一不能创造。

我尚有一疑问，佛教既不弃现世，则废除男女关系，是何用意？

此点我未研究，不能答。或者是一种学者习气，亦未可知。

依你所说，则东西文明，将来国可调和：但现在两相冲突之际，我们东方，应该怎样改变，以求适应？从前申国初变法之时，托尔斯泰曾经给我们一信，劝我们不可变法。现在你怎样指教我们？

现在西方对我们是取攻势（Aggressive），我们也该取攻势。我只有一句话劝中国，就是"快学科学！"东方所缺而急需的，就是科学。现在中国派许多留学生到西洋，应该好好地学科学。这事并不甚难。中国历来出过许多发明家，这种伟大民族，我十分相信他能学科学，并且发明科学的。东方民族，决不会灭亡，不必害怕。只看日本，他只学了几十年的科学，也就强了。不过他太自私，行侵略主义，把东方的好处失了。这是他的错处。

你所筹办的大学，现在我们能怎样帮忙？

这层我不能说，这要人人各尽其力的。中国随便什么事——捐款、捐书、送教员、送学生——都可帮助这个大学的。现在我们最要紧的。是大家联络起来，互相友爱；要知道我们大家都是兄弟！

谈到这里，已经是一个钟点过去；我就起身告辞了。泰谷尔先生的意见对不对，是另一个问题：不过现在东方第一流人物对东西文明有如此的见解，这是我们应该知道的。我还要预先警告大家一句，就是泰谷尔的话，初看似乎同从前中国中学为体，西学为用之说，有点相像；而其实不同。中国旧说，是把中学当个桌子，西学当个椅子；要想以桌子为休，椅子为用。这自然是不但行不通，而且说不通了。泰谷尔先生的意思，是说真理只有一个，不过他有两方面，东方讲静的方面多一点，西方讲动的方面多一点，就是了。换句话说：泰谷尔讲的是一元论，中国旧说是二元论。

我现在觉得东方文明，无论怎样，总该研究。为什么？因为他是事实。无论什么科学，只能根据事实，不能变更事实。我们把事实研究之后，用系统的方法记述他，用道理去解说他，这记述和解说，就是科学。记述和解说自然事实的，就是自然科学；记述和解说社会事实的，就是社会科学。我们的记述解说会错，事实不会错。譬如孔学，要把他当成一种道理看，他会错会不错；要把他当成事实看——中国从前有这个道理，并且得大多数人的信仰，这是个事实——他也不会错，也不会不错。他只是"是"如此，谁也没法子想。去年同刘叔和谈，他问我：中国对于世界的贡献是什么？我说：别的我不敢说；但是我们四千年的历史——哲学、文学、美术、制度……都在内——无论怎样，总可作社会科学，社会哲学的研究资料。所以东方文明，不但东方人要研究，西方人也要研究；因为他是宇宙间的事实的一部分。说个比喻，假使中国要有一块石头，不受地的吸力，牛顿的股力律，就会打破，牛顿会错，中国的石头不会错！本志二卷四号所载熊子真先生的信上面的话，我者回民佩服；但是不许师再新人物研究旧学问，我却不敢赞成。因为空谈理论，不管事实，正是东方的病根，为科学精神所不许的。中国现在空讲些西方道理，德摩克拉西、布尔什维克，说得天花乱坠；至于怎样叫中国变成那两样东西，却谈的人很少。这和八股策论，有何区别？我们要研究事实，而发明道理去控制他，这正是西洋的近代精神！

这篇文章做成之后，就寄给志希看，志希来信，说"研究旧东西一段，可否说明以新方法来研究旧东西？泰氏说的（Realization）一段，我不懂……既然是一件事的两面，就无所谓休，无所谓用，与他自己所说的也有出入。"

我答应说：要是把中国的旧东西当事实来研究，所用的方法，自然是科学方法了。中国的旧方法，据我所知，很少把东西放在一个纯粹客观的地位来研究的，没有把道理当作事实研究。现在要把历史上的东西，一律看看事实，把他们放在纯粹客观的地位，来供我们研究；只此就是一条新方法。不过要免误会起见，多说一两句，自然更清楚。

泰谷尔所谓"实现"一段，据我的意见，是说：西洋人生，没有一定目的，只是往前走；东方却以为人人本已有其真理，只是把它"实现"出来就是。如宋儒之所谓去人欲，复天理，就是这个意思。

志希说："既是一件事的两面，就无所谓体，无所谓用……"我说：惟其有所谓体，有所谓用，所以才是一件事的两面。体用两字，在中国很滥了，但实在他们是有确切意思的。宋儒的书，自然还没有人翻；印度的书，他们翻的时候，"体""用"翻成英文的哪两个字，我还不知道。那天晚上，只是随便抓了一两个英文字就是了。此外如心理学上 Organ，Function，伦理学上所谓 Character，Action，都可举为体用之例。体与用是相对的字眼，如以 Organ 为体，则 Function 便是用，如以 Character 为体，则 Action 便是用。没有 Organ，就没有 Function，没有 Function，Organ 也就死了。所以两个只是一个东西的两面。宋儒讲体用一源，就是如此。

孔子在中国历史中之地位

廖平说：

"六经，孔子一人之书；学校，素王特立之政；所谓道冠百王，师表万世者也。刘歆以前，皆主此说，故移书以六经皆出于孔子，后来欲攻博士，故牵涉周公，以敌孔子，遂以'礼''乐'归之周公，'诗''书'归之帝王，'春秋'因于史文，'易传'仅注前圣。以一人之作，分隶帝王周公，如此是六艺不过如选文选诗。或并删正之说，亦欲驳之，则孔子碌碌无所建树矣。盖师说浸亡，学者以己律人，亦欲将孔子说成一教授老儒，不过选本多，门徒众。……"（《知圣篇》）

康有为说：

"孔子为教主，为神明圣王，配天地，育万物，无人无事无义，不范围于孔子大道中，乃所以为生民未有之大成至圣也。……汉以来皆祀孔子为先圣也。唐贞观乃以周公为先圣，黜孔子为先师。孔子以圣被黜，可谓极背谬矣。然如旧说，《诗》、《书》、《礼》、《乐》、《易》，皆周公作；孔子仅在删赞之列。孔子之仅为先师而不为先圣，比于伏生、申公，岂不宜哉？然……六经皆孔子所作也。汉以前之说，莫不然也。学者知六经为孔子所作，然后孔子之为大圣，为教主，范围万世而独称尊者，乃可明也。知孔子为教主，六经为孔子所作，然后知孔子拨乱世致太平之功，凡有血气者，皆日被其殊功大德，而不可忘也。"（《孔子改制考》卷十）

这是清末"今文家"的学说。孔子本来已竟是一般人所承认的先圣先师，本来已竟是一部分汉儒所承认的素王。清末"今文家"犹以为未足，乃于先圣、先师、素王之外，又为上一"教主"的尊号。孔子的地位，于是为最高；其风头亦于是出得最足。

然而"日中则昃，月盈则亏"，孔子的厄运，也就于是渐渐开始；他的地位，也就于是一天低落一天。在以前，孔子是教主素王，制作六经之说，虽未必为尽人所承认，但他是先圣先师，曾删《诗》、《书》，正《礼》、《乐》，赞《易》，作《春秋》，则否认者极少。但现在多数人的意见，则不但以为孔子未曾制作六经，且"并删正之说，亦欲驳之"。于是孔子乃似"碌碌无所建树矣"。廖季平所反对之意见，正现在多数人所持者。由素王教主之地位，一降而为"教授老儒"，"比于伏生、申公"，真孔子之厄运也。

本篇的主要意思，在于证明孔子果然未曾制作或删正六经；即令有所删正，也不过如"教授老儒"之"选文选诗"；他一生果然不过是一个"选本多，门徒众"的"教授老儒"；但他却并不因此而即是"碌碌无所建树"；后人之以先圣先师等尊号与他加上，亦并非无理由。

关于孔子未曾制作或删正六经的证据，前人及时人已经举过许多；现在只须附加几个。《易》及《春秋》，依传说乃孔子毕生精力之所聚。一个是他特别"作"的；一个是他特别"赞"的。他作《春秋》以上继文、武、周公；他赞《易》；作《彖》、《象》、《文言》、《系辞》等，"以通神明之德，以类万物之情"。现在只说这两部书是否果为孔子所"作"所"赞"。

据孟子说，孔子作《春秋》之目的及功用，在使"乱臣贼子惧"。然《左传》宣公二年（西历纪元前607年），赵穿弑晋灵公，

"太史书曰：'赵盾弑其君，'以示于朝。宣子曰：'不然。'曰：'子为正卿，亡不越竟，反不讨贼，非子而谁？'……孔子曰：'董狐，古之良史也；书法不隐。'"

又《左传》襄公二十五年（西历纪元前548年），崔杼弑齐庄公，

"太史书曰：'崔杼弑其君。'崔子杀之。其弟嗣书而死者二人。其弟又书，乃舍之。南史氏闻太史尽死，执简以往，闻即书矣，乃还。"

据此则至少春秋时晋齐二国太史之史笔，皆能使"乱臣贼子惧"，不独"春秋"为然。赵穿弑晋灵公，而董狐却书"赵盾弑其君"，则所谓"诛心"及"君亲无将，将则必诛"等"大义"，董狐的《晋乘》中，本来亦有，《春秋》不能据为专利品。孟子说：

> "晋之《乘》，楚之《梼杌》，鲁之《春秋》，一也。其事则齐桓晋文，其文则史，其义则丘窃取之矣。"（《孟子·离娄》）

"其义"不止是《春秋》之义，实亦是《乘》及《梼杌》之义，观于董狐史笔，亦可概见。孔子只"取"其义，而非"作"其义。孟子此说，与他的孔子"作《春秋》"之说不合，而却似近于事实。

但抑或因鲁是周公之后，"礼仪之邦"，所以鲁之《春秋》，对于此等书法，格外认真，所以韩宣子聘鲁"观书于太史氏，见《易》象与鲁《春秋》，曰：'周礼尽在鲁矣。'"（《左传》昭公二年，西历纪元前 504 年）他特注意于"鲁《春秋》"，或者"鲁《春秋》"果有比"晋之《乘》""楚之《梼杌》"较特别的地方。所以在孔子以前，就有人以《春秋》为教人的教科书。楚庄王（西历纪元前 613 年至 591 年）使士亹傅太子箴；士亹问于申叔时，叔时曰：

> "教之《春秋》而为之耸善而抑恶焉，以戒劝其心。教之'世'而为之昭明德而废幽昏焉，以休惧其动。教之《诗》而为之导广显德，以耀明其志；教之《礼》使知上下之则；

教之《乐》以疏其秽而镇其浮。教之'令'使访物官。教之
'语'使明其德而知先王之务用明德于民也。教之'故志'
使知废兴者而戒惧焉。教之'训典'使知族类，行比义焉。"
（《国语·楚语上》）

可见《春秋》早已成教人的一种课本。不过这些都在孔子成年以
前，所以也都与孔子无干。

《春秋》之"耸善抑恶"，诛乱臣贼子，孔子完全赞成；这却是
实在情形。《论语》上说：

"陈成子弑简公，孔子沐浴而朝，告于哀公曰：'陈恒
弑其君，请讨之。'公曰：'告夫三子。'孔子曰：'以吾
从大夫之后。不敢不告也。'"（《宪问》）

观此可知孔子以乱臣贼子之当讨，为天经地义。他当然赞成晋
董狐齐太史之史笔，当然赞成《春秋》的观点。孔子主张"正名"，
是《论语》上说过的。不过按之事实，似乎不是孔子因主张"正名"
而作《春秋》，如传说所说，似乎是孔子取《春秋》等书之义而主
张"正名"，孟子所说"其义则丘窃取"者是也。不过孔子能从"晋
《乘》"、"鲁《春秋》"等里面，归纳出一个"正名"之抽象的原理，
这也就是他的大贡献了。

《易》之《彖》、《象》、《文言》、《系辞》等，是否果系孔
子所作，此问题，我们但将《彖》、《象》等里面的哲学思想，与《论
语》里面的比较，便可解决。

我们且看《论语》中所说孔子对于天之观念：

"子曰：'获罪于天，无所祷也。'"（《八佾》）

"夫子曰：'予所否者，天厌之！天厌之！'"（《雍也》）

"子曰：'天生德于予，桓魋其如予何！'"（《述而》）

"子曰：'文王既殁，文不在兹乎？天之将丧斯文也，后死者不得与于斯文也。天之未丧斯文也，匡人其如予何！'"（《子罕》）

"子曰：'吾谁欺，欺天乎？'"（《子罕》）

"子曰：'噫！天丧予！天丧予！'"（《先进》）

"孔子曰：'君子有三畏：畏天命、畏大人、畏圣人之言。'"（《季氏》）

据此可知《论语》中孔子所说之天，完全系一有意志的上帝，一个"主宰之天"。

但"主宰之天"在《易》之《彖》、《象》等中，没有地位。我们再看《易》中所说之天：

"大哉乾元，万物资始，乃统天。云行雨施，品物流行。大明终始，六位时成，时乘六龙以御天。乾道变化，各正性命。"（《乾·彖》）

"天地以顺动，故日月不过而四时不忒。"（《豫·彖》）

"反复其道，七日来复，天行也；复其见天地之心乎。"（《复·彖》）

"天地感而万物化生。"（《咸·彖》）

"天地之道，恒久而不已也。"（《恒·彖》）

"天行健，君子以自强不息。"（《乾·象》）

"大哉乾乎，刚健中正，纯粹精也；六爻发挥，旁通情也；
时乘六龙；以御天也，云行雨施，天下平也。"（《乾·文言》）

"天尊地卑，乾坤定矣。卑高以陈，贵贱位矣。动静有常，
刚柔断矣。方以类聚，物以群分，吉凶生矣。在天成象，在
地成形，变化见矣。是故刚柔相摩，八卦相荡。鼓之以雷霆，
润之以风雨。日月运行，一寒一暑。乾道成男，坤道成女。
乾知大始，坤作成物。乾以易知，坤以简能。……"（《系辞》）

这些话究竟是什么意思，我们暂不必管。不过我们读了以后，我
们即觉在这些话中，有一种自然主义的哲学；在这些话中，决没有一
个能受"祷"，能受"欺"，能"厌"人，能"丧斯文"之"主宰之
天"。这些话里面的天或乾，不过是一种宇宙力量，至多也不过是一
个"义理之天"。

一个人的思想，本来可以变动，但一个人决不能同时对于宇宙及
人生真持两种极端相反的见解。如果我们承认《论语》上的话是孔子
所说，又承认《易》之《彖》、《象》等是孔子所作，则我们即将孔
子陷于一个矛盾的地位。因为上所引《论语》中的话，不一定都是孔
子早年说的；我们也不能拿一个人早年晚年之思想不同以作解释。

或者可以说《论语》中所说，乃孔子对门弟子之言，是其学说之
粗浅方面，乃"下学"之事，《易》之《彖》、《象》等中所说，乃
孔子学说之精深方面，乃"上达"之事，群弟子所不得知者。所以子

贡说："夫子之文章，可得而闻也；其言性与天道，不可得而闻也。"
（《论语·公冶长》）但《论语》中所载，孔子所说"天之将丧斯文"，
"天生德于予"之言，并非对弟子讲学，而乃直述其内心之信仰。若
孔子本无此信仰，而故为此说以饰智惊愚，则是王莽欺世的手段，恐
非讲忠恕之孔子所出。且顾亭林已云：

> "延平先生答问曰：'夫子之道，不离乎日用之间。自
> 其尽己而言，则谓之忠；自其及物而言，则谓之恕。……曾
> 子答门人之问，正是发其心尔，岂有二耶？若以为夫子一以
> 贯之之旨甚精微，非门人所可告，姑以忠恕答之，恐圣贤之
> 心，不若是之支也。'"（《日知录》卷七《忠恕》）

又云：

> "子曰：'二三子以我为隐乎？吾无隐乎尔。吾无行而
> 不与二三子者，是丘也。'谓'夫子之言性与天道不可得而
> 闻，'是疑其有隐者也。不知夫子之文章，无非夫子之言性
> 与天道；所谓吾无行而不与二三子者，是丘也。"（同上，
> 《夫子之言性与天道》）

孔子所讲，本只及日用伦常之事。观《易》之《文言》等中，凡
冠有"子曰"之言，百分之九十九皆是讲道德的，更可知矣。至其对
于宇宙，他大概完全接受传统的见解。盖孔子只以人事为重，此外皆
不注意研究也。所以他说：

"未能事人，焉能事鬼？……未知生，焉知死？"（《论语·先进》）

根据以上所说，及别人所已经说过的证据，我以为孔子果然未曾制作或删正六经或六艺。

不过后人为什么以六艺为特别与孔子有密切的关系？这是由于孔子以六艺教学生之故。以六艺教人，并不必始于孔子，据上所引《国语》，士亹教楚太子之功课表中，也即有《诗》、《礼》、《乐》、《春秋》、《故志》等。《左传》、《国语》中所载当时人物应答之辞，都常引《诗》、《书》；他们交接用《礼》，卜筮用《易》，可见当时至少一部分的贵族人物，都读过这些书，受过这等教育。不过孔子却是以六艺教一般人之第一人。这一点下文再提。现在我们只说，孔子之讲学，与其后别家不同。别家如道、墨等，皆注重其自家之一家言，如《庄子·天下》篇说，墨家弟子诵《墨经》。但孔子则是一个教育家。他讲学的目的，在于养成"人"，养成为国家服务的人，并不在于养成某一家的学者。所以他教学生读各种的书，学各种功课。所以颜渊说："博我以文，约我以礼。"（《论语·子罕》）《庄子·天下》篇讲及儒家，即说："《诗》以道志，《书》以道事，《礼》以道行，《乐》以道和，《易》以道阴阳，《春秋》以道名分。"这六种正是儒家教人的六种功课。

唯其如此，所以孔子的学生之成就，亦不一律。《论语》上说："德行：颜渊闵子骞；政事：冉有季路；言语：宰我子贡；文学：子游子夏。"（《先进》）又如子路之"可使治赋"；冉有之"可使为宰"；公西华之"可使与宾客言"；皆能为"千乘之国"办事。（《论

051

语·公冶长》）可见孔子教学生，完全要教他成"人"，不是要教他做一家的学者。

孔子以以前已有的成书教人，教之之时，如廖季平所谓"选诗选文"，或亦有之。教之之时，随时讲解，或亦有之。如《论语》："'不恒其德，或承之羞。'子曰：'不占而已矣。'"（《子路》）《易·系辞》中对于诸卦爻辞之引申解释之冠以"子曰"者，虽非必果系孔子所说，但孔子讲学时可以对《易》有类此之解释。如以此等"选诗选文"，此等随时讲解，为"删正六经"，为"赞易"，则孔子实可有"删正"及"赞"之事，不过这等"删正"及"赞"实没有什么了不得的意义而已。后来儒家因仍旧贯，仍继续用六艺教人，恰又因别家只讲自家新学说，不讲旧书，因之六艺遂似专为儒家所有，为孔子所制作，而删正（如果有删正）亦即似有重大意义矣。

《汉书·艺文志》以为诸子皆六艺之"支与流裔"。《庄子·天下》篇似亦同此见解。这话亦并非毫无理由，因为所谓六艺本来是当时人的共同知识。自各家专讲其自己之新学说后，而六艺乃似为儒家之专有品，其实原本是大家共有之物也。但以为各家之学说，皆六艺中所已有，则不对耳。

总之孔子是一个教育家。"述而不作，信而好古"（《论语·述而》），"学而不厌，诲人不倦"（同上），正是他为他自己下的考语。

这样说起来，孔子只是一个"教授老儒"；但他却并不是"碌碌无所建树"，并不即"比于伏生，申公"。下文的主要意思就是要证明三点：

（一）孔子是中国第一个使学术民众化的，以教育为职业的"教授老儒"；他开战国讲学游说之风；他创立，至少亦发扬光大，中国之非农非工非商非官僚之士之阶级。

（二）孔子的行为，与希腊之"智者"相仿佛。

（三）孔子的行为及其在中国历史上的影响，与苏格拉底的行为及其在西洋历史上的影响相仿佛。

上文已经说过，士亹教楚太子的功课表中，已有《诗》、《礼》、《乐》、《春秋》、《故志》等。但此等教育，并不是一般人所能受。不但当时的平民未必有机会受这等完全教育，即当时的贵族也不见得尽人皆有受此等完全教育之机会。韩宣子系晋世卿，然于到鲁办外交的时候，"观太史氏书"始得"见《易》象与鲁《春秋》"（《左传》昭公二年）。季札也到鲁方能听各国之诗与乐（《左传》襄公二十九年）。可见《易》、《春秋》、《乐》、《诗》等，都是很名贵的典籍学问了。

孔子却抱定一个"有教无类"（《论语·卫灵公》）的宗旨，"自行束修以上，吾未尝无诲焉"（《论语·述而》）。如此大招学生，不问身家，凡缴学费者即收，一律教以各种功课，教读各种名贵的典籍。这是何等的一个大解放！故以六艺教人或不始于孔子；但以六艺教一般人使六艺民众化则实始于孔子。

我说孔子是第一个以六艺教一般人者，因在孔子以前，在较可靠的书内，我们没有听说有什么人曾经大规模的召许多学生而教育之。更没有听说有什么人"有教无类"的号召学生。在孔子同时，据说有个少正卯，"其居处足以撮徒成党，其谈说足以饰褒荣众，其强御足以反是独立"（《孔子家语》）。据说少正卯也曾大招学生，"孔子门人三盈三虚，惟颜渊不去"（《新论》）。庄子说："鲁有兀者王骀，从之游者与仲尼相若。"（《德充符》）不过孔子诛少正卯事，昔人已谓是假的，少正卯之果有无其人，亦不可知。庄子寓言十九，王骀之"与孔子中分鲁"，更不足信。故大规模招学生而教育之者，孔子是第一人。以后则各家蜂起，竞聚生徒，然此风气实孔子开之。

孔子又继续不断地游说干君，带领学生，各处招摇。此等举动，前亦未闻，而以后则成为风气；此风气亦孔子开之。

再说孔子以前未闻有不农不工不商不仕，而只以讲学为职业，因以谋生活之人。古时除了贵族世代以做官为生者外，我们亦尝听说有起于微贱之人物。此等人物，在未仕时，皆或为农或为工或为商，以维持其生活。孟子说：

"舜发于畎亩之中；傅说举于版筑之间；胶鬲举于鱼盐之中；管夷吾举于士；孙叔敖举于海；百里奚举于市。"（《告子》）

孟子的话，虽未必尽可信，但孔子以前，不仕而又别不事生产者，实未闻有人。《左传》中说冀缺未仕时，亦是以农为业（《僖公》三十三年，西历纪元前627年）。孔子早年，据孟子说，亦尝为贫而仕，"尝为委吏矣"，"尝为乘田矣"（《万章下》）。但自"从大夫之后"，大收学生以来，即纯以讲学为职业，为谋生之道。不但他自己不治生产，他还不愿教弟子治生产。樊迟"请学稼"，"请学圃"，孔子说："小人哉，樊须也。"（《论语·子路》）子贡经商，孔子说："赐不受命，而货殖焉；亿则屡中。"（《论语·先进》）他这种不治生产的办法，颇为其时人所诟病。据《论语》所说，荷蓧丈人骂孔子："四体不勤，五谷不分。"（《微子》）此外晏婴亦说：

　　"夫儒者滑稽而不可轨法；倨傲自顺，不可以为下；崇丧遂哀，破产厚葬，不可以为俗；游说乞贷，不可以为国。"（《史记·孔子世家》）

《庄子》亦载盗跖骂孔子云：

　　"尔作言造语，妄称文武……多辞缪说，不耕而食，不织而衣，摇唇鼓舌，擅生是非，以迷天下之主，使天下学士，不反其本，妄作孝弟而侥幸于封侯富贵者也。"（《盗跖》）

这些批评未必果是晏婴盗跖所说，《庄子》里面的话，尤不可靠，但这些批评却是当时可能有的。

战国时之有学问而不仕者，亦尚有自食其力之人。如许行"与其徒数十人，皆衣褐、捆屦、织席，以为食"（《孟子·滕文公》）。陈仲子"身织屦，妻辟纑"（同上）以自养。但孟子则不以为然。孟子自己是"后车数十乘，从者数百人，以传食于诸侯"；此其弟子彭更即以为"泰"（同上），他人当更有批评矣。孟子又述子思受养的情形，说：

　　"缪公之于子思也，亟问亟馈鼎肉。子思不悦。于卒也，摽使者出诸大门之外，北面稽首再拜而不受。曰：'今而后知君之犬马畜伋。'……曰：'敢问国君欲养君子，如何斯可谓养矣？'曰：'以君命将之，再拜稽首而受。其后廪人继粟，庖人继肉，不以君命将之。子思以为鼎肉使己仆仆尔亟拜也，非养君子之道也。'"（《万章下》）

观此可知儒家的一种风气。唯其风气如此，于是后来即有一种非农、非工、非商、非官僚之"士"，不治生产而专待人之养己。这种士之阶级，孔子以前，似乎也没有。以前所谓士，多系士大夫之士，或系男子军士之称，非后世所谓士农工商之士也。

《管子》书中《乘马第五》有《士农工商》一节；《国语·齐语》亦述管仲语云：

> "四民者勿使杂处，杂处则其言咙，其事易。……昔圣王之处士也，使就闲燕，处工就官府，处商就市井，处农就田野。……是故士之子恒为士。……工之子恒为工。……商之子恒为商。……农之子恒为农，野处而不昵。其秀民之能为士者，必足赖也。有司见而不以告，其罪五。……工商之乡六，士乡十五。……君有此士也三万人，以方行于天下。"

这也是管仲的话。一卷齐语，只有管仲相桓公，霸诸侯一段事。似乎这段与《管子》书中所说，是同一来源。即令《管子》不是假的，这两个证据，也只算一个。就上引管仲一段话而言，其中也有前后不一致的地方。既曰士农工商各以世及，而又说农"野处而不昵。其秀民之能为士者，必足赖也"；"有司"又须"以告"。"有此士也三万人"之士，似乎又以士为军士。韦昭于"士乡十五"下注云："此士，军士也。十五乡合三万人，是谓三军。"若军士非即士农工商之士，则岂非有"五民"吗？此外又有一个反证，《左传》宣公十二年（西历纪元前 597）随武子论楚国云：

"昔岁入陈，今兹入郑，民不罢劳，君无怨讟，政有经矣。荆尸而举，商农工贾，不败其业，而卒乘辑睦。"

若干农工商，已是当时普通所谓"四民"，为什么随武子不说士农工商"不败其业"，而说"商农工贾"呢？孔颖达正义云：

"齐语云：'……处士就闲燕……'彼四民谓士农工商。此数亦四，无士而有贾者，此武子意言举兵动众，四者不败其业。发兵则士从征，不容复就闲燕。"

"发兵则士从征"，可见孔颖达亦以《齐语》所说士为非以后所谓士农工商之士。

《管子》系伪书，其中所说，当系孔子以后情形。我所以以为，在孔子以前，似乎没有以后所谓士农工商之士阶级。这种阶级，只能做两种事情，即做官与讲学。直到现在，各学校的毕业生，无论是农业学校或工业学校，还只有当教员做官两条谋生之路，这所谓：

"仕而优则学；学而优则仕。"（《论语·子张》）

孔子即是此阶级之创立者，至少亦是其发扬光大者。这种阶级为后来法家所痛恶。韩非子说：

"博习辩智如孔墨，孔墨不耕耨，则国何得焉？修孝寡欲如曾史，曾史不战攻，则国家何利焉？"（《韩非子·八说》）

　　"儒以文乱法，侠以武犯禁。……今修文学习言谈，则
无耕之劳而有富之实，无战之危而有贵之尊，则人孰不为
也？"（《韩非子·五蠹》）

　　孔子与希腊"智者"，其行动颇相仿佛。他们都是打破以前习惯，开始正式招学生而教育之者。"智者"向学生收学费以维持其生活：此层亦大为当时所诟病。孔子说："自行束修以上，吾未尝无诲焉。"他虽未必收定额学费，但如"贽"之类，是一定收的。孔子虽可靠国君之养，未必专靠弟子的学费维持生活，但其弟子之多，未尝不是其有受养资格之一。所以我上文说，孔子以讲学为职业，因以维持生活。这并不损害孔子的价值；因为生活总是要维持的。

　　孔子还有一点与"智者"最相似，"智者"都是博学多能的人，能教学生以各种功课，而主要目的，在使学生有作政治活动之能力。孔子亦博学多能，所以

　　"达巷党人曰：'大哉孔子，博学而无所成名。'"（《论语·子罕》）

　　"太宰问于子贡曰：'夫子圣者与，何其多能也？'子贡曰：'固天纵之将圣，又多能也。'"（同上）

　　孔子教人亦有各种功课，即所谓六艺是也。至于政治活动，亦为孔子所注意，其弟子可在"千乘之国""治赋"，"为宰"。季康子问仲由，赐、求，"可使从政也与？"孔子说"由也果"，"赐也达"，"求也艺"，"于从政乎何有？"（《论语·雍也》）这即如现在政

府各机关之向各学校校长要人，而校长即加考语荐其毕业生一样。

孔子颇似苏格拉底。苏格拉底本亦是一"智者"。其不同在他不向学生收学费，不卖知识。他对于宇宙问题，无有兴趣，对于神之问题，接受传统的见解。孔子亦如此，如上文所说。苏格拉底自以为负有神圣的使命，以觉醒其国人为己任。孔子亦然，所以有"天生德于予"，"天之未丧斯文，匡人其如予何"之言。苏格拉底以归纳法求定义（亚里士多德说），以定义为吾人行为之标准。孔子亦讲，"正名"，以"名"为吾人行为之标准。苏格拉底注重人之道德的性质。孔子亦视人之完全人格，较其"从政"之能力，尤为重。故对于子路、冉有、公西华，虽许其能在"千乘之国""治赋"，"为宰"，"与宾客言"，而独不许其为"仁"（《论语·公冶长》）。苏格拉底自己不著书，而后来著书者多假其名（如柏拉图之《对话》）。孔子亦不著书，而后来各书中"子曰"极多。苏格拉底死后，其宗派经柏拉图、亚里士多德之发挥光大，遂为西洋哲学之正统。孔子之宗派，亦经孟子、荀子之发挥光大，遂为中国哲学之正统。

即孔子为中国苏格拉底之一端，即已占甚高之地位。况孔子又为使学术普遍化之第一人，为士之阶级之创立者，至少亦系其发扬光大者；其建树之大，又超过苏格拉底。谓孔子不制作或删正六艺即为"碌碌无所建树"者，是谓古之发明帆船者不算发明，必发明潜艇飞机，始为有所建树也。

孔子为士之阶级之创造者，至少亦系其发扬光大者，而中国历代政权，向在士之手中，故尊孔子为先师先圣。此犹木匠之拜鲁班，酒家之奉葛仙也。

王国维的《人间词话》

《人间词话》（以下简称《词话》）是王国维的美学基本著作，因其言简意赅，文约义丰，各条之间又没有形式上的联系，读者但觉其意味深厚，而苦于难准确地把握其理论系统，所以《词话》号称难读。本章企图把各条连贯起来，说明王国维的美学理论系统，其间也掺加了一些本书作者个人的经验，希望不至于"喧宾夺主"、"画蛇添足"。

《词话》第一条说：

词以境界为最上，有境界则自成高格，自有名句。

这是王国维美学的第一义，他是就词说的，但其意义不限于词。任何艺术作品如果不表达一个境界，那就不成其为艺术作品，至少说不能成为艺术作品的上乘。什么是境界？王国维在《词话》中没有说。

如果要继续往下说，本书认为必须先在名词上作一番调整。王国维在这里所说的境界他已称为"意境"，他说：

> 古今词人格调之高，无如白石。惜不于意境上用力，故觉无言外之味、弦外之响，终不能与于第一流之作者也。（《词话》第四十二条）

王国维这里所说的意境正是他在别条所说的境界。本书认为哲学所能使人达到的全部精神状态应该称为境界，艺术作品所表达的可以称为意境，《词话》所讲的主要是艺术作品所表达的，所以应该称为意境。这里所说的"应该"并不是本书强加于王国维的，这是从他的美学思想的内部逻辑推出来的，而且是王国维自己用的一个概念。所以在以下讨论中除引文外，本文都用"意境"这个名词。

《词话》的第二条说：

> 有造境，有写境，此理想与写实二派之所由分。然二者颇难分别。因大诗人所造之境，必合乎自然，所写之境，亦必邻于理想故也。

这条所说的就是真正艺术家的意境的内容，其中有自然的东西，也有艺术家的理想。所以真正的艺术家的"意境"是出于自然而又高于自然。真正的艺术家有了这样的意境，而又用语言、文字、声音等手段把它表达出来，这就是最高的艺术作品。

　　王国维的这话不但说明了什么是意境，而且说明了为什么叫意境。在一个艺术作品中，艺术家的理想就是"意"，他所写的那一部分自然就是"境"，意和境浑然一体，就是意境。

　　总起来说，王国维认为，一个艺术作品都有理想和写实两个成分。写实是艺术家取之于自然的，理想是艺术家自己所有的。前者是"境"，后者是"意"，境加上意就成为意境。意境是艺术作品的意境，也是艺术家的意境。这里所说的两个成分，所说的"加上"，是艺术批评家的话，艺术批评家对于一个艺术作品作了分析以后才这样说的。实际上艺术家并不这样说，也不这样想，在他的作品中理想和写实是浑然不分的。《词话》第二条所说的就是这个道理。

　　《词话》又补充了一项。第六条说：

　　　　境非独谓景物也。喜怒哀乐，亦人心中之一境界。故能
　　写真景物、真感情者，谓之有境界。否则谓之无境界。

　　这里所说的景就是一个艺术作品所写的那一部分自然，称之为景，是对情而言。对情而言则曰景，对意而言则谓之境，这条是说一个艺术作品还要表达一种情感。意、境、情三者合而为一，浑然一体，这才成为一个完整的意境。

　　浑然一体是就实际上的艺术意境说的。美学作为一种理论，则必须把它们分割起来作进一步的分析。王国维的《词话》所做的就是这个工作，本书也企图就这一方面说明他的美学思想。什么是感情，这是很明显的，就不必多说了，下边所要着重说明的是意和境的分别。

　　王国维很欣赏冯延已写春草的那一句词"细雨湿流光"，认为这

是"摄春草之魂"（第二十三条）。春草本来是没有魂的，所谓春草之魂就是词人的意境。这一句词不但写了春草，也写了作者的感情。

《词话》第二十六条说：

> 古之成大事业、大学问者，必经过三种之境界"昨夜西风凋碧树。独上高楼，望尽天涯路"。此第一境也。"衣带渐宽终不悔，为伊消得人憔悴。"此第二境也。"众里寻他千百度，回头蓦见，那人正在灯火阑珊处。"此第三境也。

王国维在这里先说是"三种境界"，后来又说是"三境"。如果把境界了解为意境，那就只能称为三境。因为所说的三阶段是客观上本来有的、其中并没意义，所以不能称为意境。不过，王国维把这三阶段和词人的那几句词联系起来，那就是对于三阶段有理解、有感情，王国维的那一段话就成为一种意境了。但是，这不是原来的词人的意境，而是王国维的意境。意境和境是不同的，二者不是同义语。了解这个不同，对于了解什么是意境大有帮助。

《词话》第三条说：

> 有有我之境，有无，我之境。"泪眼问花花不语，乱红飞过秋千去"，"可堪孤馆闭春寒，杜鹃声里斜阳暮"，有我之境也。"采菊东篱下，悠然见南山"，"寒波澹澹起，白鸟悠悠下"，无我之境也。有我之境，以我现物，故物皆著我之色彩。无我之境，以物现物。故不知何者为我，何者为物。古人为词，写有我之境者为多，然未始不能写无我之

境，此在豪杰之士能自树立耳。

这里所说的两个"境"，也就是境，不是意境。所谓"以我观物"和"以物观物"都是"观"。观必有能观和所观，能观是"我"，所观是"物"。"采菊东篱下"那一首诗说到"悠然见南山"的"见"者是"我"。"山气日夕佳，飞鸟相与还"是见者之所见，是"物"结尾说："此中有真意，欲辨已忘言。"陶潜认识到一个"真意"，这个真意可怎么说呢？他想说，可是已经"忘言"了。这就是观者与所观已经融合为一了，这是这首诗的意境，也就是陶潜的意境。

由上边所讲的看起来，所谓意境，正是如那闹个字所提示的那样，有意又有境。境是客观的情况，意是对客观情况的理解和情感。《词话》第七条说：

"红杏枝头春意闹"。著一"闹"字，而境界会出。"云破月来花弄影"。著一"弄"字，而境界全出矣。

如果只写"红杏枝头"，月下花影，那就是有境而无意，"闹"字和"弄"字把意点出来了，这才出来了意境，这就成为这件艺术作品和它的作者的意境。

以上是本文对于王国维所说的"境"的分析和说明。以下是本书对于他所说"意"的分析和说明。在一个艺术作品的意境中，意是艺术家的理想，在一个艺术作品的意境中占主导的地位。

一个西方人看了京剧中的一个著名的男旦的表演后说，他所表演的女性比女性更女性，就是说比实际中的妇女更像妇女。实际中的女性就是自然，那个男旦所表演的女性是艺术。艺术出于自然高于自然。
《古诗十九首》中有一首《西北有高楼》，写一个妇女在唱一首悲歌，
诗中说：

清商随风发，中曲正徘徊；一弹再三叹，慷慨有余哀。

这首诗的作者不知是什么人，但一定是一个音乐家。所谓"中曲"，
就是那个曲子发展到顶峰，唱曲的人就徘徊了。怎样"徘徊"呢？下
句说："一唱再三叹"，那个"再三"就是徘徊。"余哀"就是说比
实际上的哀更哀，这个哀比实际的哀还多，所以称为余哀。这里所说
的作曲者和唱曲者的意境不是一般的人所能理解的，所以下边接着说
"不惜歌者哭，但伤知音稀。"歌唱和欣赏一个音乐作品必须理解、
甚至"入于"作品的意境中，才算知音。

一个真正的艺术作品都有这个"余"所表示的那种意境，所以人
们欣赏起来就觉得有"言外之味，弦外之响"。就是说，人们于艺术
作品本身之外还有更多的享受，好像是从艺术作品本身横溢出来的。
中国传统的文艺批评中有一句常用的话"言有尽而意无穷。"这句
话所说的就是这个道理。

上边说到，"比女性还女性"，"比实际的哀还哀"，这都是比
较之词。比较必须有个标准，这里所用的标准是什么呢？照叔本华的
说法，这个标准就是柏拉图式的理念。王国维在《〈红楼梦〉评论》
第五章中，全文引用了叔本华的这段话，可见他也是这样想的。一类
事物的理念，就是这一类事物的最高标准，就是这一类事物之所以为
这一类事物者。这一类的事物有得于这个标准，才成为这一类的事物。

但实际上没有完全合乎这个标准的，所以柏拉图认为，实际中的事物都是理念的不完全的摹本。艺术作品可以用各种不同的手段写出理念，所以叔本华说。如果自然看到艺术作品会说，这正是我所要做而做不出的东西。这就是艺术家和艺术作品的意境。可以说艺术家的最高的理想是对于"理念"的直观的认识。

所谓直观就是说它不是就一类事物的共同之处用逻辑的归纳法得来的。用逻辑归纳法得来的只能是一个抽象的概念，而不是一个"理念"，它可以作为一个科学的定义，而不能作为一个艺术作品的意境。王国维在《释理》那篇论文中说，事物有许多类，每一类的事物都有公共之处；人们从这一类的具体事物中把它们的共同之处抽象出来，成为一个概念，这些概念就是科学定义一类的东西，这些都是无情的理智的产物。艺术的意境不是抽象的概念，它具有情感。科学的定义和艺术的意境完全是两回事，不能混淆。如果混淆了，在科学就成为坏科学，在艺术就成为坏艺术。

懂得这个道理，也就懂得《词话》所讨论的第二个问题"隔"与"不隔"。

《词话》第四十条说：

> 问"隔"与"不隔"之别，曰：陶、谢之诗不隔，延年则稍隔矣。东坡之诗不隔，山谷则稍隔矣。"池塘生春草"，"空梁落燕泥"等二句，妙处唯在不隔。词亦如是。即以一人一词论，如欧阳公《少年游》咏春草上半阕云："阑干十二独凭春，晴碧远连云。千里万里，二月三月，行色苦愁人。"语语都在目前，便是不隔。至云"谢家池上，江淹浦畔。"

则隔矣。白石《翠楼吟）："此地宜有词仙，拥素云黄鹤，与君游戏。玉梯凝望久，叹芳草，萋萋千里。"便是不隔。至"酒被清毡，花浦英气"，则隔矣。然南宋词虽不隔处，比之前人，自有浅深厚薄之别。

《词话》第四十一条接着说：

"生年不满百，常怀千岁忧。昼短苦夜长，何不秉烛游？""服食求神仙，多为药所误。不如饮美酒，被服纨与素。"写情如此，方为不隔。"采菊东篱下，悠然见南山。山气日夕佳，飞鸟相与还。""天似穹庐，笼盖四野。天苍苍，野茫茫，风吹草低见牛羊。"写景如此，方为不隔。

《词话》第五十一条又说：

"明月照积雪"，"大江流日夜"，"中天悬明月"，"长河落日圆"，此种境界，可谓千古壮观。求之于词，唯纳兰容若塞上之作，如《长相思》之"夜深千帐灯"，《如梦令》之"万帐穹庐人醉，星影摇摇欲坠"差近之。

《词话》第五十二条接着说：

纳兰容若以自然之眼观物，以自然之舌言情。此由初入中原，未染汉人风气，故能真切如此。北宋以来，一人而已。

上边所引的诗词各句都是作者的直观所得，没有抽象的概念，没有教条的条条框所以作者能不假思索，不加推敲，当下即是，脱口而出，这就是不隔。用抽象的概念加上思索、推敲，那就是隔了。

《词话》第六十二条说：

"昔为倡家女，今为荡子妇。荡子行不归，空床难独守。"何不策高足，先据要路津？无为久贫贱，轗轲长苦辛。可谓淫鄙之尤。然无视为淫词、鄙词者，以其真也。

所谓"真"就是不隔。

《词话》提出了两个大原则：一个是意境，一个是不隔。这两个原则其实只是一个原则，那就是意境。隔与不隔是就意境说的，如果没有意境，那也就无所谓隔与不隔了。

王国维在评论中国文学史中的大作家的时候，提出了一个文艺批评的典范。他说：

三代以下之诗人，无过于屈子、渊明、子美[①]、子瞻[②]者。此四子者，苟元文学之天才，其人格亦自足千古。故无高尚伟大之人格，而有高尚伟大之文学者，殆未之有也。

天才者，或数十年而一出，或数百年而一出，而又须济之以学问，帅之以德性，始能产真正之大文学。此屈子、渊明、于美、于瞻等所以旷世而不一远也。

① 即杜甫。——编者注

② 即苏轼。——编者注

　　屈子感自己之感，言自己之言者也。宋玉、景差，感屈
子之所感，而言其所言，然亲见屈子之境遇与屈子之人格，
故其所言，亦殆与自己之言无异……

　　屈子之后，文学上之雄者，渊明其尤也。韦、柳之视渊明，
其如贾、刘之视屈子乎！彼感他人之所感，而言他人之所言，
宜其不如李、杜也。

　　宋以后之能感自己之感、言自己之言者，其唯东坡乎！
山谷可谓能言其言矣，未可谓能感所感也。（《文学小言》
第六、七、十、十一、十二条，《静属文集续编》）

　　这就是说，一个大诗人必须有极高的天才、伟大的人格，然后能
感普通人所不能感，能用自己的话说出来。这就是说，他有自己的意
境，用自己的话说自己的意境，所以他所写的是当下即是，脱口而出，
别人看起来也感到语语都在眼前，这自然就是最高的艺术作品。这就
是真，这就是不隔。

　　艺术作品最可贵之处是它所表达的意境。一个大艺术家有高明的
天才，伟大的人格，广博的学问，有很好的预想，作出来的作品自然
也有很高的 意境，这是不可学的。王国维认为，北宋的词所以高于
南宋者就在于前者有很高的意境，后者只在格律技巧上用工夫，后人
都学南宋，不学北宋，因为意境是不可学的，格律技巧是可以学的，
但是如果仅在格律技巧上取胜，那就不是艺术，至少不是艺术的上乘。
（《词话》四十三条）

　　艺术作品所写的虽然都是作者直观所得的形象，但其意境又不限
于那些形象，这就是艺术的普遍性。

《词话》第五十五条说：

> 诗之《三百篇》、《十九首》，词之五代北宋，皆无题也。非无题也，诗词中之意，不能以题尽之也。由《花感》、《草堂》每调立题，并古人无题之词亦为之作题。如观一幅佳山水，而即曰此某山某河，可乎？诗有题而诗亡，词有题而词亡。然中材之士，鲜能知此而自振拔者矣。

这就是艺术的普遍性。

《词话》第六十条说：

> 诗人对宇宙人生，须入乎其内，又须出乎其外。入乎其内，故能写之。出乎其外，故能观之。入乎其内，故有生气。出乎其外，故有高致。美成能入而不出。白石以降，于此二事皆未梦见。

所谓"入乎其内"，就是入于实际的自然和人生。所谓"出乎其外"，就是从实际的自然和人生直观地认识"理念"。《词话》共六十四条，这一条已近尾声了。其中所说的理论也可以说是王国维的美学思想的总结。

梁漱溟：

读书改变世界观

求学与不老

我常说一个人一生都有他的英雄时代，此即吾人的青年期。因青年比较有勇气，喜奔赴理想，天真未失，冲动颇强，煞是可爱也。然此不过以血气方盛，故暂得如此。及其血气渐衰，世故日深，惯于作伪，习于奸巧，则无复足取而大可哀已！往往青年时不大见锐气的，到后来亦不大变；愈是青年见英锐豪侠气的，到老来愈变化得厉害，前后可判若两人。我眼中所见的许多革命家都是如此。

然则，吾人如何方能常保其可爱者而不满于可哀耶？此为可能否耶？依我说，是可能的。我们知道，每一生物，几乎是一副能自动转的机器。但按人类生命之本质言，他是能超过于此一步的"机械性"，因人有自觉，有反省，能了解自己—其他生物则不能。血气之勇的所以不可靠，正因其是机械的；这里的所谓机械，即指血气而言。说人能超机械，即谓其能超血气。所以人的神明意志不随血气之衰而衰，原有可能的：那就在增进自觉，增进对自己的了解上求之。

中国古人的学问，正是一种求能了解自己且对自己有办法的学问；与西洋学问在求了解外界而对外界有办法者，其方向正好不同。程明道先生常说"不学便老而衰"。他这里之所谓学，很明白的是让人生命力高强活泼，让人在生活上能随时去真正了解自己；如此，人自己就有意志，亦就有办法。如果想免掉"初意不错，越做越错，青年时还不错，越老越衰越错"，就得留意于此，就得求学。近几十年来的青年，的确是有许多好的；只因不知在这种学问上体会、用工夫，以致卒不能保持其可爱的精神，而不免落于可哀也。惜哉！

我的自学小史

　　我想我的一生正是一自学的极好实例。若将我自幼修学，以至在这某些学问上"无师自通"的经过，叙述出来给青年朋友，未始无益。于是着手来写《我的自学小史》。

　　学问必经自己求得来者，方才切实有受用。反之，未曾自求者就不切实，就不会受用。俗语有"学来的曲儿唱不得"一句话，便是说：随着师傅一板一眼地模仿着唱，不中听的。必须将所唱曲调吸收融会在自家生命中，而后自由自在地唱出来，才中听。学问和艺术是一理：知识技能未到融于自家生命而打成一片地步，知非真知，能非真能。真不真，全看是不是自己求得的。一分自求，一分真得；十分自求，十分真得。"自学"这话，并非为少数未得师承的人而说；一切有师傅教导的人，亦都非自学不可。不过比较地说，没有师承者好像"自学"意味更多就是了。

像我这样，以一个中学生而后来任大学讲席者，固然多半出于自学。还有我们所熟识的大学教授，虽受过大学专门教育，而以兴趣转移及机缘凑巧，却不在其所学本行上发挥，偏喜任教其他学科者，多有其人；当然亦都是出于自学。即便是大多数始终不离其本学门的学者，亦没有人只守着当初学来那一些，而不是得力于自己进修的。我们相信，任何一个人的学问成就，都是出于自学。学校教育不过给学生开一个端，使他更容易自学而已。青年于此，不可不勉。

此外我愿指出的是，我虽自幼不断地学习以至于今，然却不着重在书册上，而宁在我所处时代环境一切见闻。我还不是为学问而学问者，而大抵为了解决生活中亲切实际的问题而求知。因此在我的自学小史上，正映出了五十年来之社会变动、时代问题。倘若以我的自述为中心线索，而写出中国最近五十年变迁，可能是很生动亲切的一部好史料。现在当然不是这样写，但仍然可以让青年朋友得知许多过去事实，而然于今天他所处社会的一些背景。

一、我生在这样一个家庭

距今五十年前，我生于北京。那是清光绪十九年癸巳，西历 1893 年，亦即甲午中日大战前一年。甲午之战是中国近百年史中最大关节，所有种种剧烈变动皆由此起来。而我的大半生，恰好是从那一次中日大战到这一次中日大战度过的。我家原是桂林城内人。但从祖父离开桂林，父亲和我们一辈便都生长在北京了。母亲亦是生在北方的；而外祖张家则是云南大理人，自从外祖父离开云南后，没有回去过。祖母又是贵州毕节刘家的。在中国说：南方人和北方人不论气质上或习俗上都颇有些不同的。因此，由南方人来看我们，则每当成我们是北方人；而在当地北方人看我们，又以为是来自南方的了。我一家人，兼有南北两种气息，而富于一种中间性。

从种族血统上说，我们本是元朝宗室。中间经过明清两代五百余年，不但旁人不晓得我们是蒙古族，即便自家不由谱系上查明亦不晓得了。在几百年和汉族婚姻之后的我们，融合不同的两种血统，似亦具一中间性。从社会阶级成分上说，曾祖、祖父、父亲三代都是从前所谓举人或进士出身而做官的。外祖父亦是进士而做官的。祖母、母亲都读过不少书，能为诗文。这是所谓"书香人家"或"世宦之家"。但曾祖父做外官（对京官而言）卸任，无钱而有债。祖父来还债，债未清而身故。那时我父亲只七八岁，靠祖母开蒙馆教几个小学生度日，真是寒苦之极。父亲稍长到十九岁，便在"义学"中教书，依然寒苦生活，世宦习气于此打落干净；市井琐碎，民间疾苦，倒亲身尝历的；四十岁方入仕途，又总未得意，景况没有舒展过。因此在生活习惯上意识上，并未曾将我们后辈限于某一阶级中。父母生我们兄妹四人。我有一个大哥，两个妹妹。大哥留学日本明治大学商科毕业。两妹亦于清朝最末一年毕业于"京师女子初级师范学堂"。我们的教育费，常常是变卖母亲妆奁而支付的。

像这样一个多方面荟萃交融的家庭，住居于全国政治文化中心的北京，自无偏僻固陋之患，又遭逢这样一个变动剧烈的时代，见闻既多，是很便于自学的。

二、我的父亲

遂成我之自学的，完全是我父亲。所以必要叙明我父亲之为人和他对我的教育。吾父是一秉性笃实的人，而不是一天资高明的人。他做学问没有过人的才思；他做事情更不以才略见长。他与母亲一样天生的忠厚；只他用心周匝细密，又磨炼于寒苦生活之中，好像比别人能干许多。他心里相当精明，但很少见之于行事。他最不可及处，是意趣超俗，不肯随俗流转，而有一腔热肠，一身侠骨。因其非天资高明的人，所以思想不超脱。因其秉性笃实而用心精细，所以遇事认真。因为有豪侠气，所以行为只是端正，而并不拘谨。他最看重事功，而不免忽视学问。前人所说"不耻恶衣恶食，而耻匹夫匹妇不被其泽"的话，正好点出我父一副心肝。——我最初的思想和做人，受父亲影响，亦就是这么一路（尚侠、认真、不超脱）。

父亲对我完全是宽放的。小时候，只记得大哥挨过打，这亦是很少的事。我则在整个记忆中，一次亦没有过。但我似乎并不是不"该打"的孩子。我是既呆笨，又执拗的。他亦很少正言厉色地教训过我们。我受父亲影响，并不是受了许多教训，而毋宁说是受一些暗示。我在父亲面前，完全不感到一种精神上的压迫。他从未以端凝严肃的神气对儿童或少年人。我很早入学堂，所以亦没有从父亲受读。

十岁前后（七八岁至十二三岁）所受父亲的教育，大多是下列三项：一是讲戏，父亲平日喜看京戏，即以戏中故事情节讲给儿女听。一是携同出街，购买日用品，或办一些零碎事；其意盖在练习经理事物，懂得社会人情。一是关于卫生或其他的许多嘱咐；总要儿童知道如何照料自己身体。例如：

正当出汗之时，不要脱衣服；待汗稍止，气稍定再脱去。

不要坐在当风地方，如窗口、门口、过道等处。

太热或太冷的汤水不要喝，太燥太腻的食物不可多吃。

光线不足，不要看书。

诸如此类之嘱告或指点，极其多，并且随时随地不放松。

还记得九岁时，有一次我自己积蓄的一小串钱（那时所用铜钱有小孔，例以麻线贯串之），忽然不见。各处询问，并向人吵闹，终不可得。隔一天，父亲于庭前桃树枝上发现之，心知是我自家遗忘，并不责斥，亦不喊我来看。他却在纸条上写了一段文字，大略说：

一小儿在桃树下玩耍，偶将一小串钱挂于树枝而忘之。到处向人询问，吵闹不休。次日，其父亲打扫庭院，见钱悬树上，乃指示之。小儿始自知其糊涂云云。

写后交与我看，亦不做声。我看了，马上省悟跑去一探即得，不禁自怀惭意。一即此事亦见先父所给我教育之一斑。到十四岁以后，我胸中渐渐自有思想见解，或发于言论，或见之行事。先父认为好的，便明示或暗示鼓励，他不同意的，让我晓得他不同意而止，却从不干涉。十七、八、九岁时，有些关系颇大之事，他仍然不加干涉，而听我去。就在他不干涉之中，成就了我的自学。那些事例，待后面即可叙述到。

三、一个孱弱而又呆笨的孩子

我自幼孱瘦多病，气力微弱；未到天寒，手足已然不温。亲长皆觉得，此儿怕不会长命的。五六岁时，每患头晕目眩，一时天旋地转，坐立不稳，必须安卧始得；七八岁后，虽亦跳掷玩耍，总不如人家活泼勇健。在小学里读书，一次盘杠子跌下地来，用药方才复苏，以后更不敢轻试。在中学时，常常看着同学打球踢球，而不能参加。人家打罢踢罢了，我方敢一个人来试一试。又因为爱用思想，神情颜色皆不像一个少年。同学给我一个外号"小老哥"——广东人呼小孩原如此的；但北京人说来，则是嘲笑话了。

却不料后来，年纪长大，我倒很少生病。三十以后，愈见坚实；寒暖饥饱，不以为意。素食至今满三十年，亦没有什么营养不足问题。

每闻朋友同侪或患遗精,或患痔血,或胃病,或脚气病;在我一切都没有。若以体质精力来相较,反而为朋辈所不及。久别之友,十几年以至二十几年不相见者,每都说我现在还同以前一个样子,不见改变,因而人多称赞我有修养。其实,我亦不知道我有什么修养。不过平生嗜欲最淡,一切无所好。同时,在生活习惯上,比较旁人多自知注意一点罢了。

小时候,我不但瘠弱,并且很呆笨的。约莫六岁了,自己还不会穿裤子。因裤上有带条,要从背后系引到前面来,打一结扣,而我不会。一次早起,母亲隔屋喊我,为何还不起床。我大声气愤地说:"妹妹不给我穿裤子呀!"招引得家里人都笑了。原来天天要妹妹替我打这结扣才行。

十岁前后,在小学里的课业成绩,比一些同学都较差。虽不是极劣,总是中等以下。到十四岁入中学,我的智力乃见发达,课业成绩间有在前三名者。大体说来,我只是平常资质,没有过人之才。在学校时,不算特别勤学;出学校后,亦未用过苦功。只平素心理上,自己总有对自己的一种要求,不肯让一天光阴随便马虎过去。

四、经过两度家塾四个小学

我于六岁开始读书,是经一位孟老师在家里教的。那时课儿童,入手多是《三字经》、《百家姓》,取其容易上口成诵。接着就要读四书五经了。我在《三字经》之后,即读《地球韵言》,而没有读四书。《地球韵言》一书,现在恐已无处可寻得。内容多是一些欧罗巴、亚细亚、太平洋、大西洋之类;作于何人,我亦记不得了。

说起来好似一件奇特事,就是我对于四书五经至今没有诵读过,只看过而已。这在同我一般年纪的人是很少的。不读四书,而读《地球韵言》，当然是出于我父亲的意思。他是距今四十五年前，不主张儿童读经的人。这在当时自是一破例的事。为何能如此呢？大约由父亲平素关心国家大局，而中国当那些年间恰是外侮日逼。例如：

清咸丰十年（西历 1860 年）英法联军陷天津，清帝避走热河。

清光绪十年（西历 1884 年）中法之战，安南（今越南）被法国占去。

又光绪十二年（西历 1886 年）缅甸被英国侵占。

又光绪二十年（西历 1894 年）中日之战，朝鲜被日本占去。

又光绪二十一年（西历 1895 年）台湾割让给日本。

又光绪二十三年（西历 1897 年）德国占胶州湾（今青岛）。

又光绪二十四年（西历 1898 年）俄国强索旅顺、大连。

在这一串事实之下，父亲心里激动很大。因此他很早倾向变法维新。在他的日记中有这样一段话：

却有一种为清流所鄙，正人所斥，洋务西学新出各书，断不可以不看。盖天下无久而不变之局，我只力求实事，不能避人讥讪也。（光绪十年四月初六日日记，"论读书次第缓急"）到光绪二十四年，就是我开蒙读书这一年，正赶上光绪帝变法维新。停科举，废八股，皆他所极端赞成；不必读四书，似基于此。只惜当时北京尚无学校可入。而《地球韵言》则是便于儿童上口成诵，四字一句的韵文，其中略说世界大势，就认为很合用了。

次年我七岁，北京第一个"洋学堂"（当时市井人都如此称呼）出现，父亲便命我入学。这是一位福建陈先生创办的，名曰"中西小学堂"。现在看来，这名称似乎好笑。大约当时系因其既念中文，又念英文之故。可惜我从那幼小时便习英文而到现在亦没有学好。

八岁这一年，英文念不成了。这年闹"义和团"——后来被称为拳匪——专杀信洋教（基督教）或念洋书之人。我们只好将《英文初阶》、《英文进阶》（当时课本）一齐烧毁。后来因激起欧美日本八国联军入北京，清帝避走陕西，历史上称为"庚子之变"。

庚子之变后，新势力又抬头，学堂复兴。九岁，我入"南横街公立小学堂"读书。十岁，改入"蒙养学堂"，读到十一岁。十二岁、十三岁，又改在家里读书，是联合几家亲戚的儿童，请一位奉天刘先生（讷）教的。十三岁下半年到十四岁上半年，又进入"江苏小学堂"，这是江苏旅居北京同乡会所办。

因此，我在小学时代前后经过两度家塾四个小学。这种求学得不到安稳顺序前进，是与当时社会之不安、学制之无定有关系的。

五、从课外读物说到我的一位父执

我的自学，最得力于杂志报纸。许多专门书或重要典籍之阅读，常是从杂志报纸先引起兴趣和注意，然后方觅它来读的。即如中国的经书以至佛典，亦都是如此。其他如社会科学各门的书，更不待言。因为我所受学校教育，从上面说的小学及后面说的中学而止，而这些书典都是课程里没有的。同时我又从来不勉强自己去求学问，做学问家；所以非到引起兴趣和注意，我不去读它的。一我之好学是到真"好"才去"学"的，而对某方面学问之兴趣和注意，总是先借杂志报纸引起来。 我的自学作始于小学时代。奇怪的是在那样新文化初初开荒时候，已有人为我准备了很好的课外读物。这是一种《启蒙画报》，和一种《京话日报》。创办人是我的一位父执，而且是对于我关系深切的一位父执。他的事必须说一说。他是彭翼仲先生（诒孙），苏州人而在北京长大。祖上状元宰相，为苏州世家巨族。他为人豪侠勇敢，其慷爽尤为可爱。论体魄，论精神，俱不似苏州人，却能说苏州话。他是我的谱叔，因他与我父亲结为兄弟之交，而年纪小于我父。他又是我的姻丈，因我大哥是他的女婿，他的长女便是我的长嫂。他又是我的老师，因前说之"启蒙学堂"就是他主办的，我在那里从学于他。他的脾气为人（豪侠勇敢）和环境机缘（家住江南、邻近上海得与外面世界相通），就使他必然成为一个爱国志士维新先锋。距今四十年前（1902年），他在当时全国首都—北京—创办了第一家报纸（严格讲，它是第二家。1901年先有《顺天时报》出版。但《顺天时报》完完全全为日本人所办。但就中国人自办者说，它是第一家，广东人朱淇所办《北京日报》为第二家。）当时草创印刷厂，还是请来日本工人作工头的。蒙养学堂和报馆印刷厂都在一个大门里，内部亦相通。我们小学生常喜欢去看他们印刷排版。

彭公手创报纸，共计三种。我所受益的是《启蒙画报》；于北方社会影响最大的，乃是《京话日报》；使他自身得祸的，则是《中华报》。

《启蒙画报》最先出版。它是给十岁上下的儿童阅看的。内容主要是科学常识，其次是历史掌故、名人轶事，再则如"伊索寓言"一类的东西亦有；却少有今所谓"童话"者。例如天文、地理、博物、格致（"格物致知"之省文，当时用为物理化学之总名称）、算学等各门都有。全是白话文，全有图画（木板雕刻无彩色）。而且每每将科学撰成小故事来说明。讲到天象，或以小儿不明白，问他的父母，父母如何解答来讲。讲到蚂蚁社会，或用两兄弟在草地上玩耍所见来讲。算学题以一个人做买卖来讲。诸如此类，儿童极其爱看。历史如讲太平天国，讲"平定"新疆等。就是前二年的庚子变乱，亦作为历史，剖讲甚详。名人轶事如司马光、范仲淹很多古人的事，以至外国如拿破仑、华盛顿、大彼得、俾斯麦、西乡隆盛等都有。那便是长篇连载的故事了。图画为永清刘炳堂先生（用）所绘。刘先生极有绘画天才，而不是旧日文人所讲究之一派。没有学过西洋画，而他自得西画写实之妙。所画西洋人尤为神肖，无须多笔细描而形象逼真。计出版首尾共有两年之久。我从那里面不但得了许多常识，并且启发我胸中很多道理，一直影响我到后来。我觉得近若干年所出《儿童画报》，都远不及它。《启蒙画报》出版不久，就从日刊改成旬刊（每册约三十多页），而别出一小型日报，就是《京话日报》，内容主要是新闻和论说。新闻以当地（北京）社会新闻占三分之二，还有三分之一是"紧要新闻"，包括国际国内重大事情。论说多半指摘社会病痛，或鼓吹一种社会运动，甚有推动力量，能发生很大影响，绝无敷衍篇幅之作。它以社会一般人为对象，而不是给"上流社会"看的。因为是白话，所以我们儿童亦能看，只不过不如对启蒙画报之爱看。

当时风气未开，社会一般人都没有看报习惯。虽取价低廉，而一般人家总不乐增此一种开支。两报因此销数都不多。而报馆全部开支却不小。自那年（1902年）春天到年尾，从开办设备到经常费用，彭公家产已赔垫干净，并且负了许多债。年关到来，债主催逼，家中妇女怨讁，彭公忧煎之极，几乎上吊自缢。本来创办之初，我父亲实赞助其事，我家财物早已随着赔送在内；此时还只有我父亲援救他。后来从父亲日记和银钱摺据上批注中，见出当时艰难情形和他们做事动机之纯洁伟大。——他们一心要开发民智，改良社会。这是由积年对社会腐败之不满，又加上庚子（1900年）亲见全国上下愚蠢迷信不知世界大势，几乎招取亡国大祸，所激动的。这事业屡次要倒闭，终经他们坚持下去，最后居然得到亨通，到第三年，报纸便发达起来了。然主要还是由于鼓吹几次运动，报纸乃随运动之扩大而发达。一次是东交民巷（各国使馆地界）一个外国兵，欺侮中国穷民，坐人力车不给钱，车夫索钱，反被打伤。《京话日报》一面在新闻栏详记其事，一面连日著论表示某国兵营如何要惩戒要赔偿才行，并且号召所有人力车夫联合起来，事情不了结，遇见某国兵就不给车子乘坐。事为某国军官所闻，派人来报馆查询，要那车夫前去质证。那车夫胆小不敢去，彭公即亲自送他去。某国军官居然惩戒兵丁而赔偿车夫。此事虽小，而街谈巷议，轰动全城，报纸销数随之陡增。另一次是美国禁止华工入境，并对在美华工苛待。《京话日报》就提倡抵制美货运动。我还记得我们小学生亦在通衢闹市散放传单，调查美货等。此事在当时颇为新颖，人心殊见振奋，运动亦扩延数月之久。还有一次反对英属非洲虐待华工，似在这以前，还没有这次运动热烈。最大一次运动，是国民捐运动[1]。这是由报纸著论，引起读者来函讨论，酝酿颇久而后发动的。大意是为庚子赔款四万万两，分年偿付，为期愈延久，本息累积愈大；迟早总是要国民负担，不如全体国民自动一次拿出来。以全国四万万人口计算，刚好每人出一两银子，就可以成功。这与后来民国初建时，南京留守黄克强（兴）先生所倡之"爱国捐"，大致相似。此时报纸销路已广，其言论主张已屡得社会拥护。再标出这大题目来，笼罩到每一个人身上，其影响之大真是空前。自车夫小贩、妇女儿童、工商百业以至文武大臣、皇室亲王，无不响应。后因彭公获罪，此事就消沉下去。然至辛亥革命时，在大清银行（今中国银行之前身）尚存有国民捐九十几万银两。计算捐钱的人数，要在几

---

[1]　即"国民捐"运动，清末的一次爱国运动。——编者注

百万以上。

报纸的发达，确实可惊。不看报的北京人，几乎变得家家看报，而且发展到四乡了。北方各省各县，像奉天黑龙江（东）、陕西甘肃（西）那么远，都传播到。同时亦惊动了清廷。西太后和光绪帝都遣内侍传旨下来，要看这报。其所以这样发达，亦是有缘故的。因这报纸的主义不外一是维新，一是爱国；浅近明白正切合那时需要。社会上有些热心人士，自动帮忙，或多购报纸沿街张贴，或出资设立"阅报所"、"讲报处"之类。还有被人呼为"醉郭"的一位老者，原以说书卖卜为生。他改行，专门讲报，做义务宣传员。其他类此之事不少。

《中华报》最后出版。这是将《启蒙画报》停了才出的。在版式上，不是单张的而是成册的。内容以论政为主，文体是文言文。这与《京话日报》以"大众"为对象的，当然不同了。似乎当年彭公原无革命意识，而此报由其妹婿杭辛斋先生（慎修，海宁人）主笔，他却算是革命党人。我当时学力不够看这个报，对它没有兴趣，所以现在不大能记得其言论主张如何。到光绪三十二年（1907年），《中华报》出版有一年半以上，《京话日报》则届第五年，清政府逮捕彭杭二公并封闭报馆。其实彭公被捕，此已是第二次，不过在我的自学史内不必叙他太多了。这次罪名，据巡警部（如今之内政部）上奏清廷，是"妄论朝政、附和匪党"。杭公定罪是递解回籍，交地方官严加管束；彭公是发配新疆，监禁十年。其内幕真情，是为袁世凯在其北洋营务处（如今之军法处）秘密诛杀党人，《中华报》予以揭出之故。

后来革命，民国成立，举行大赦，彭公才得从新疆回来。《京话日报》于是恢复出版。不料袁世凯帝制，彭公不肯附和，又被封闭。袁倒以后再出版。至民国十年，彭公病故，我因重视它的历史还接办一个时期。

六、自学的根本

在上面叙述了我的父亲，又叙述了我的一位父执，这是意在叙明我幼年之家庭环境和最切近之社会环境。关于这环境方面，以上只是扼要叙述，未能周详。例如我母亲之温厚明通，赞助我父亲和彭公的维新运动，并提倡女学，自己参加北京初创一间女学校"女学传习所"担任教员等类事情都未及说到。然读者或亦不难想象得之。就从这环境中，给我种下了自学的根本：一片向上心。

一方面，父亲和彭公他们的人格感召，使我幼稚的心灵隐然萌露对社会对国家的责任感，而鄙视那般世俗谋衣食求利禄的"自了汉"生活。另一方面，在那维新前进的空气中，自具一种迈越世俗的见识主张，使我意识到世俗之人虽不必是坏人，但缺乏眼光见识那就是不行的；因此，一个人必须力争上游。倾所谓一片向上心，大抵在当时便是如此。

这种心理，可能有其偏弊；至少不免流露了一种高傲神情。若从好的一方面来说，这里面固然含蓄一点正大之气和一点刚强之气。一我不敢说得多，但至少各有一点。我自省我终身受用者，似乎在此。

特别是自十三四岁开始，由于这向上心，我常有自课于自己的责任，不论何事，很少需要人督迫。并且有时某些事，觉得不合我意见，虽旁人要我做，我亦不做。十岁时爱看《启蒙画报》、《京话日报》，几乎成瘾，固然已算是自学，但真的自学，必从这里（向上心）说起。所谓自学应当就是一个人整个生命的向上自强，要紧在生活中有自觉。单是求知识，却不足以尽自学之事。在整个生命向上自强之中，包括了求知识。求知识盖所以发我们的智慧识见，但它并不是一种目的。有智慧识见发出来，就是生命向上自强之效验，就是善学。假若求知识以至废寝忘食，身体精神不健全，甚至所知愈多头脑愈昏，就不得为善学。有人说"活到老，学到老"一句话，这观念最正确。这个"学"显然是自学，同时这个"学"显然就是在说一切做人做事而不止于求些知识。

自学最要紧是在生活中有自觉。读书不是第一件事；第一件事，却是照顾自己身体而如何善用它。一用它来做种种事情，读书则其一种。可惜这个道理，我只在今天乃说得出，当时亦不明白的。所以当时对自己身体照顾不够，例如：爱静中思维，而不注意身体应当活动；饮食、睡眠、工作三种时间没有好的分配调整；不免有少年丧身体之不良习惯（手淫）。所幸者，从向上心稍知自爱，还不是全然不照顾它。更因为有一点正大刚强之气，耳目心思向正面用去，下流毛病自然减少。我以一个孱弱多病的体质，到后来慢慢转强，很少生病，精力且每比旁人略优，其故似不外：

一、我虽讲不到修养，然于身体少丧少浪费；虽至今对于身体仍愧照顾不够，但似比普通人略知照顾。

二、胸中恒有一股清刚之气，使外面病邪好像无隙可乘。一反之，偶尔患病，细细想来总是先由自己生命失其清明刚劲、有所疏忽而致。

又如我自幼呆笨，几乎全部小学时期皆不如人；自十四岁虽变得好些，亦不怎样聪明。讲学问，又全无根底。乃后来亦居然滥侧学者之林，终幸未落于庸劣下愚，反倒受到社会的过奖过爱。此其故，要亦不外：

一、由于向上心，自知好学，虽没有用过苦功，亦从不偷懒。

二、环境好，机缘巧，总让我自主自动地去学，从没有被动地读过死书，或死读书。换句话说，无论旧教育（老式之书房教育），或新教育（欧美传来之学校教育），其毒害唯我受的最少。

总之，向上心是自学的根本，而今日我所有成就，皆由自学得来。古书《中庸》上有"虽愚必明，虽柔必强"两句话，恰好借用来说我个人的自学经过（原文第二句不指身体而言，第一句意义亦较专深，故只算借用）。

七、五年半的中学

我于十四岁那一年（1906 年）的夏天，考入"顺天中学堂"（地址在地安门外兵将局）。此虽不是北京最先成立的一间中学，却是与那最先成立的"五城中学堂"为兄弟者。"五城"指北京的城市；"顺天"指顺天府（京兆）。福建人陈璧，先为五城御史，创五城中学；后为顺天府尹，又设顺天中学。两个学堂的洋文总教习，同由王劭廉先生（天津人，与伍光建同留学英国海军）担任。汉文教习以福建人居多，例如五城以林纾（琴南）为主，我们则以一位跛腿陈先生（忘其名）为主。当时学校初设，学科程度无一定标准。许多小学比今日中学程度还高，而那时的中学与大学似亦颇难分别。我的同班同学中竟有年纪长我近一倍者——我十四岁，他二十七岁。有好多同学虽与我们年纪小的同班受课，其实可以为我们的老师而有余。他们诗赋、古文词、四六骈体文都做得很好，进而讲求到"选学"《昭明文选》。不过因为求出路（贡生、举人、进士）非经过学堂不可，有的机会凑巧得入大学，有的不巧就入中学了。

今日学术界知名之士，如张申甫（崧年）、汤用彤（锡予）诸位，皆是我的老同学。论年级，他们尚稍后于我；论年龄，则我们三人皆相同。我在我那班级上是年龄最小的。当时学堂里读书，大半集中于英算两门。学生的精力和时间，都用在这上边。年长诸同学，很感觉费力；但我于此，亦曾实行过自学。在我那班上有四个人，彼此很要好。一廖福申（慰慈，福建），二王毓芬（梅庄，北京），三姚万里（伯鹏，广东），四就是我。我们四个都是年纪最小的——廖与王稍长一两岁。在廖大哥领导之下，我们曾结合起来自学。

　　这一结合，多出于廖大哥的好意。他看见年小同学爱玩耍不知用功，特来勉励我们。以那少年时代的天真，结合之初，颇具热情。我记得经过一阵很起劲的谈话以后，四个人同出去，到酒楼上吃螃蟹，大喝其酒。廖大哥提议彼此不用"大哥"、"二哥"、"三哥"那些俗气称谓相称，而主张以每个人的短处标出一字来，作为相呼之名，以资警惕。大家都赞成此议，就请他为我们一个个命名。他给王的名字，是"懦"；给姚的名字，是"暴"；而我的就是"傲"了。真的，这三个字都甚恰当。我是傲，不必说了。那王确亦懦弱有些妇人气；而姚则以赛跑跳高和足球擅长，原是一粗暴的体育大家。最后，他自名为"惰"。这却太谦了。他正是最勤学的一个呢！此大约因其所要求于自己的，总感觉不够之故；而从他自谦其惰，正可见出其勤来了。

　　那时每一班有一专任洋文教习，所有这一班的英文、数学、外国地理都由他以英文原本教授。这些洋文教习，全是天津水师学堂出身，而王劭廉先生的门徒。我那一班是位吕先生（富永）。他们秉承王先生的规矩，教课认真，做事有军人风格。当然课程进行得并不慢，但我们自学的进度，总还是超过他所教的。如英文读本 Carpenter's Reader（亚洲之一本），先生教到全书的一半时，廖已读完全书，我亦能读到三分之二；纳氏英文文法，先生教第二册未完，我与廖研究第三册了；代数、几何、三角各书，经先生开一个头，廖即能自学下去，无待于先生教了。我赶不上他那样快，但经他携带，总亦走在先生教的前边。廖对于习题一个个都做，其所做算草非常清楚整齐悦目；我便不行了，本子上很多涂改，行款不齐，字迹潦草，比他显得忙乱，而进度反在他之后。廖自是一天才，非平常人之所及[1]。然从当年那些经验上，使我相信没有不能自学的功课。同时廖还注意国文方面之自学。他在一个学期内，将一部《御批通鉴辑览》圈点完毕。因其为洋版书（当时对于木版书外之铜印、铅印、石印各书均作此称）字小，而每天都是在晚饭前划出一点时间来作的，天光不足，所以到圈点完功，眼睛变得近视了。这是他不晓得照顾身体，很可惜的。这里我与他不同。我是不注意国文方面的：国文讲义我照例不看；国文先生所讲，我照例不听。我另有我所用的功夫，如后面所述，而很少看中国旧书。但我国文作文成绩还不错，偶然亦被取为第一名。我总喜欢作翻案文章，不肯落俗套。有时能出奇制胜，有时亦多半失败。记得一位七十岁的王老师十分恼恨我。他在我作文卷后，严重地批着"好恶拂人之性，灾必逮夫身"的批语。而后来一位范先生偏赏识我。他给我的批语，却是"语不惊人死不休"。十九岁那一年（1911 年）冬天，我们毕业。前后共经五年半之久。本来没有五年半的中学制度，这是因为中间经过一度学制变更，使我们吃亏。

八、中学时期之自学

在上面好像已叙述到我在中学时之自学，如自学英文、数学等课，但我所谓自学尚不在此。我曾说了：

由于向上心，我常有自课于自己的责任，不论什么事很少要人督

---

[1] 廖君后来经清华送出游美学铁路工程，曾任国内各大铁路工程师。——著者注

迫。……真的自学，必从这里说起。自学就是一个人整个生命的向上自强，要紧在生活中有自觉。

所以上节所述只是当年中学里面一些应付课业的情形，还没有当真说到我的自学。真的自学，是由于向上心驱使我在两个问题上追求不已：一、人生问题；二、社会问题，亦可云中国问题。此两个问题互有关联之处，不能截然分开，但仍以分别言之为方便。从人生问题之追求，使我出入于西洋哲学、印度宗教、中国周秦宋明诸学派间，而被人看做是哲学家。从社会问题之追求，使我参加了中国革命，并至今投身社会运动。今届五十之年，总论过去精力，无非用在这两个问题上面；今后当亦不出乎此。而说到我对此两个问题如何追求，则在中学时期均已开其端。以下略述当年一些事实。

我很早就有我的人生思想。约十四岁光景，我胸中已有了一个价值标准，时时用以评判一切人和一切事。这就是凡事看它于人有没有好处和其好处的大小。假使于群于己都没有好处，就是一件要不得的事了。掉转来，若于群于己都有顶大好处，便是天下第一等事。以此衡量一切并解释一切，似乎无往不通。若思之偶有扞格窒碍，必辗转求所以自圆其说者。一旦豁然复有所得，便不禁手舞足蹈，顾盼自喜。此时于西洋之"乐利主义"、"最大多数幸福主义"、"实用主义"、"工具主义"等等，尚无所闻。却是不期而然，恰与西洋这些功利派思想相近。

这思想，显然是受先父的启发。先父虽读儒书，服膺孔孟，实际上其思想和为人却有极像墨家之处。他相信中国积弱全为念书人专务虚文，与事实隔得太远之所误，因此，平素最看不起做诗词做文章的人，而标出"务实"二字为讨论任何问题之一贯的主张。务实之"实"，自然不免要以"实用"、"实利"为其主要含义。而专讲实用实利之结果，当然流归到墨家思想。不论大事小事，这种意思在他一言一动之间到处流露贯彻。其大大影响到我，是不待言的。

不过我父只是有他的思想见解而止，他对于哲学并没有兴趣。我则自少年时便喜欢用深思，所以就由这里追究上去，究竟何谓"有好处"？那便是追究"利"和"害"到底何所指，必欲分析它，确定它。于是就引到苦乐问题上来，又追究到底何谓苦，何谓乐。对于苦乐的研究，是使我涤入中国儒家印度佛家的钥匙，颇为重要。后来所作《究元决疑论》[①]中，有论苦乐的一段尚可见一斑。而这一段话，却完全是十六七岁在中学时撰写的旧稿。在中学里，时时沉溺在思想中，亦时时记录其思想所得。这类积稿当时甚多，现在无存。然在当时受中国问题的刺激，我对中国问题的热心似又远过于爱谈人生问题。这亦因当时在人生思想上，正以事功为尚之故。

当时——光绪末年宣统初年——正亦有当时的国难。当时的学生界，亦曾激于救国热潮而有自请练学生军的事，如"九一八"后各地学生之所为者。我记得我和同班同学雷国能兄，皆以热心这运动被推为代表，请求学堂监督给我们特聘军事教官，并发给枪支，于正课外加练军操，此是一例；其他像这类的事，当然很多。

为了救国，自然注意政治而要求政治改造。像民主和法治等观念，以及英国式的议会制度、政党政治，早在卅五年前成为我的政治理想。后来所作《我们政治上第一个不通的路——欧洲近代民主政治的路》，其中诠释近代政治的话，还不出中学时那点心得。——的确，那时对

---

① 《究元决疑论》为二十四岁作，刊于《东方杂志》后收为东方文库之一单行小册。——著者注

于政治自以为是大有心得的。

九、自学资料及当年师友

无论在人生问题上或在中国问题上，我在当时已能取得住在北中国内地的人所可能有的最好自学资料。我拥有梁任公先生主编的《新民丛报》壬寅、癸卯、甲辰三整年六巨册和《新小说》（杂志月刊）全年一巨册（以上约共五六百万言）。——这都是从日本传递进来的。还有其他从日本传递进来的或上海出版的书报甚多。此为初时（1907年）之事。稍后（1910年后）更有立宪派之《国风报》（旬刊或半月刊，在日本印行），革命派之上海《民立报》（日报），按期陆续收阅。——这都是当时内地寻常一个中学生所不能有的丰富资财。

《新民丛报》一开头有任公先生著的《新民说》，他自署即曰"中国之新民"。这是一面提示了新人生观，又一面指出中国社会应该如何改造的；恰恰关系到人生问题中国问题的双方，切合我的需要，得益甚大。任公先生同时在报上有许多介绍外国某家某家学说的著作，使我得以领会不少近代西洋思想。他还有关于古时周秦诸子以至近世明清大儒的许多论述，意趣新而笔调健，皆足以感发人。此外有《德育鉴》一书，以立志、省察、克己、涵养等分门别类，辑录先儒格言（以宋明为多），而任公自加按语跋识。我对于中国古人学问之最初接触，实资于此。虽然现在看来，这书是无足取的，然而在当年却给我的助益很大。这助益，是在生活上，不徒在思想上。

《新民丛报》除任公先生自做文章约占十分之二外，还有其他人如蒋观云先生（智由）等等的许多文章和国际国内时事记载等，约居十分之八，亦甚重要。这些能助我系统地了解当日时局大势之过去背景。因其所记壬寅、癸卯、甲辰（1902 年—1904 年）之事正在我读它时（1907 年—1909 年）之前也。由于注意时局，所以每日报纸如当地之《北京日报》、《顺天时报》、《帝国日报》等，外埠之《申报》、《新闻报》、《时报》等，都是我每天必不可少的读物。谈起时局来，我都很清楚，不像普通一个中学生。

《国风报》上以谈国会制度、责任内阁制度、选举制度、预算制度等文章为多；其他如国库制度、审计制度，乃至银行货币等问题，亦常谈到。这是因为当时清廷筹备立宪，各省咨议局亦有联合请愿开国会的运动，各省督抚暨驻外使节在政治上亦有许多建议，而梁任公一派人隐然居于指导地位，即以《国风报》为其机关报。我当时对此运动亦颇热心，并且学习了近代国家法制上许多知识。 革命派的出版物，不如立宪派的容易得到手。然我终究亦得到一些。有《立宪派与革命派之论战》一厚册，是将梁任公和胡汉民（展堂）、汪精卫等争论中国应行革命共和抑行君主立宪的许多文章，搜集起来合印的；我反复读之甚熟。其他有些宣传品主于煽动排满感情的，我不喜读。

自学条件，书报资料固然重要，而朋友亦是重要的。在当时，我有两个朋友必须说一说。

一是郭人麟（一作仁林），字晓峰，河北乐亭县人。他年长于我二岁，而班级则次于我。而且他们一班，是学法文的；我们则学英文。因此虽为一校同学，朝夕相见，却无往来。郭君颜貌如好女子，见者无不惊其美艳，而气敛神肃，眉宇间若有沉忧；我则平素自以为是，亦复神情孤峭。彼此一直到第三年方始交谈。但经一度交谈之后，竟使我思想上发生极大变化。

我那时自负要救国救世，建功立业，论胸襟气概似极其不凡；实则在人生思想上，是很浅陋的。对于人生许多较深问题，根本未曾理会到。对于古今哲人高明一些的思想，不但未加理会，并且拒绝理会之。盖受先父影响，抱一种狭隘功利见解，重事功而轻学问。具有实用价值的学问，还知注意；若文学，若哲学，则直认为误人骗人的东西而排斥它。对于人格修养的学问，感受《德育鉴》之启发，固然留意；但意念中却认为"要做大事必须有人格修养才行"，竟以人格修养作方法手段看了。似此偏激无当浅薄无根的思想，早应当被推翻。无如一般人多半连这点偏激浅薄思想亦没有。尽他们不同意我，乃至驳斥我，其力量却不足以动摇我之自信。恰遇郭君，天资绝高，思想超脱，虽年不过十八九而学问几如老宿。他于老、庄、易经、佛典皆有心得，而最喜欢谭嗣同的"仁学"。其思想高于我，其精神亦足以笼罩我。他的谈话，有时嗤笑我，使我惘然如失；有时顺应我要作大事业的心理而诱进我，使我心悦诚服。我崇拜之极，尊之为郭师，课暇就去请教，记录他的谈话订成一巨册，题曰"郭师语录"。一般同学多半讥笑我们，号之为"梁贤人、郭圣人"。

自与郭君接近后，我一向狭隘的功利见解为之打破，对哲学始知尊重，这在我的思想上，实为一绝大转进。那时还有一位同学陈子方，年纪较我们都大，班级亦在前，与郭君为至好。我亦因郭而亲近之。他的思想见解、精神气魄，在当时亦是高于我的，我亦同受其影响。现在两君都不在人世。[1]

另一朋友是甄元熙，字亮甫，广东台山县人。他年纪约长我一二岁，与我为同班，却是末后插班进来的。本来陈与郭在中国问题上皆

095

---

[1] 陈故去约廿多年，知其人者甚少。郭与李大钊（守常）为乡亲，亦甚友好，曾在北大图书馆做事。张绍曾为国务总理时，曾一度引为国务院秘书。今故去亦有十年。——著者注

倾向革命，但非甚积极。甄君是从（1910年）广州上海来北京的，似先已与革命派有关系。我们彼此同是对时局积极的，不久成了很好的朋友。

但彼此政见不大相同。甄君当然是一革命派。我只热心政治改造，而不同情排满。在政治改造上，我又以英国式政治为理想，否认君主国体民主国体在政治改造上有什么等差不同。转而指摘民主国，无论为法国式（内阁制），抑美国式（总统制），皆不如英国政治之善。——此即后来辛亥革命中，康有为所唱"虚君共和论"。在政治改造运动上，我认为可以用种种手段，而莫妙于俄国虚无党人的暗杀办法。这一面是很有效的，一面又破坏不大，免遭国际干涉。这些理论和主张，不待言是从立宪派得来的；然一点一滴皆经过我的往复思考，并非一种学舌。我和甄君时常以此作笔战，亦仿佛梁（任公）、汪（精卫）之所为；不过他们在海外是公开的，我们则不敢让人知道。后来清廷一天一天失去人心，许多立宪派人皆转而为革命派，我亦是这样。中学毕业期近，武昌起义爆发，到处人心奋动，我们在学堂里更呆不住。其时北京的、天津的和保定的学生界秘密互有联络，而头绪不一。适清廷释放汪精卫。汪一面倡和议，一面与李石曾、魏宸组、赵铁桥等暗中组织京津同盟会。甄君同我即参加其中，是为北方革命团体之最大者。所有刺良弼、刺袁世凯和在天津暴动的事，皆出于此一组织。

十、初入社会

按常规说，一个青年应当是由"求学"到"就业"；但在近几十年的中国青年，却每每是由"求学"而"革命"。我亦是其中之一个。我由学校出来，第一步踏入广大社会，不是就了某一项职业而是参加革命。现回想起来，这不免是一种太危险的事！

因为青年是社会的未成熟分子，其所以要求学，原是学习着如何参社会，为社会之一员，以继成熟分子之后。却不料其求了学来革命。革命乃是改造社会。试问参加它尚虞能力不足，又焉得有改造它的能力？他此时缺乏社会经验，对于社会只有虚见（书本上所得）和臆想，尚无认识。试问认识不足，又何从谈到怎样改造呢？这明明是不行的事！无奈中国革命不是社会内部自发的革命，缺乏如西洋那种第三阶级或第四阶级由历史孕育下来的革命主力。中国革命只是最先感受到世界潮流之新学分子对旧派之争，全靠海外和沿海一带传播进来的世界思潮，以激动起一些热血青年，所以天然就是一种学生革命。幼稚、错误、失败都是天然不可免的事，无可奈何。

以我而说，那年不过刚足十八岁，自己的见识和举动，今日回想是很幼稚的。自己所亲眼见的许多人许多事，似都亦不免以天下大事为儿戏。不过青年做事比较天真，动机比较纯洁，则为后来这二三十年的人心所不及。—这是后来的感想，事实不具述。

清帝不久退位，暗杀暴动一类的事，略可结束。同人等多半在天津办报，为公开之革命宣传。赵铁桥诸君所办者，名曰《民意报》，以甄亮甫为首的我们一班朋友，所办的报则名《民国报》。当时经费很充足，每日出三大张，规模之大为北方首创。总编辑为孙炳文浚明烈士（四川叙府人，民国十六年国民党以清党为借口将其杀害于上海）；我亦充一名编辑，并且还做过外勤记者。今日所用漱溟二字，即是当时一笔名，而且出于孙先生所代拟。

新闻记者，似乎是社会上一项职业了。但其任务在指导社会，实亦非一个初入社会之青年学生所可胜任。现在想来，我还是觉得不妥的。这或者是我自幼志大言大，推演得来之结果呢！报馆原来馆址设在天津，后又迁北京（顺治门外大街西面）。民国二年春间，中国同盟会改组中国国民党成立，《民国报》收为党本部之机关报，以汤漪主其事，我们一些朋友便离去了。

做新闻记者生活约一年余，连参与革命工作算起来，亦不满两周年。在此期间内，读书少而活动多，书本上的知识未见长进，而以与社会接触频繁之故，渐晓得事实不尽如理想。对于"革命"、"政治"、"伟大人物"……皆有"不过如此"之感。有些下流行径、鄙俗心理，以及尖刻、狠毒、凶暴之事，以前在家庭在学校所遇不到的，此时却看见了；颇引起我对于人生感到厌倦和憎恶。

在此期间，接触最多者当然在政治方面。前此在中学读书时，便梦想议会政治，逢着资政院开会（宣统二年、三年两度开会），必辗转恳托介绍旁听。现在是新闻记者，持有长期旁听证，所有民元临时参议院民二国会的两院，几乎无日不出入其间了。此外若同盟会本部和改组后的国民党本部，若国务院等处，亦是我踪迹最密的所在。还有共和建设讨论会（民主党之前身）和民主党（进步党的前身）的地方，我亦常去。当时议会内党派的离合，国务院的改组，袁世凯的许多操纵运用，皆映于吾目而了了于吾心。许多政治上人物，他不熟悉我，我却熟悉他。这些实际知识和经验，有助于我对中国问题之认识者不少。

十一、激进于社会主义

民国元年已有所谓社会党在中国出现。这是江亢虎（汪精卫之南京伪政府考试院副院长）在上海所发起的，同时他亦就自居于党魁地位。那时北京且有其支部之成立，主持人为陈翼龙（后为袁世凯所杀）。江亦光绪庚子后北京社会上倡导维新运动之一人，与我家夙有来往，我深知其为人、底细。他此种举动，完全出于投机心理。虽有些莫名其妙的人附和他，我则不睬。所有他们发表的言论，我都摒斥，不愿入目。我之倾向社会主义，不独与他们无关，而且因为憎恶他们，倒使我对社会主义隔膜了。论当时风气，政治改造是一般人意识中所有；经济改造则为一般人意识中所无。仅仅"社会主义"这名词，偶然可以看到而已（共产主义一词似尚未见），少有人热心研究它。元年（1912 年）八月，中国同盟会改组为国民党时，民生主义之被删除，正为一很好例证。同盟会会章的宗旨一条，原为"本会以巩固中华民国，实行民生主义为宗旨"；国民党党章则改为"巩固共和，实行平民政治"。这明明是一很大变动，旧日同志所不喜，而总理孙先生之不愿意，更无待言。然而毕竟改了。而且八月廿五日成立大会（在北京虎坊桥湖广会馆之剧场举行），我亦参加。我亲见孙总理和黄克强先生都出席，为极长极长之讲演，则终于承认此一修改，又无疑问。这固然见出总理之虚怀，容纳众人意见；而经济问题和社会主义之不为当时所理会，亦完全看出了。我当时对中国问题认识不足，亦以为只要宪政一上轨道，自不难步欧美日本之后尘，为一近代国家。至于经济平等，世界大同，乃以后之事，现在用不到谈它。所见正与流俗一般无二。不过不久我忽然感触到"财产私有"是人群一大问题。约在民国元年尾二年初，我偶然一天从家里旧书堆中，检得《社会主义之神髓》一本书，是日本人幸得秋水（日本最早之社会主义者，死于狱中）所著，而张溥泉（继）先生翻译的，光绪三十一年上海出版。此书在当时已嫌陈旧，内容亦无深刻理论。它讲到什么"资本家"、"劳动者"的许多话，亦不引起我兴味；不过其中有些反对财产私有的话，却印入我心。我即不断来思索这个问题。愈想愈多，不能自休。终至引我到反对财产私有的路上，而且激烈地反对，好像忍耐不得。我发现这是引起人群中间生存竞争之根源。由于生存竞争，所以人们常常受到生活问题的威胁，不免于巧取豪夺。巧取，极端之例便是诈骗；豪夺，极端之例便是强盗。在这两大类型中包含各式各样数不尽的事例，而且是层出不穷。我们出去旅行，处处要提防上当受欺。一不小心，轻则损失财物，大则丧身失命。乃至坐在家里，受至亲至近之人所欺者，耳闻目见亦复不鲜。整个社会没有平安地方，说不定诈骗强盗从那里来。你无钱，便受生活问题的威胁；你有钱，又受这种种威胁。你可能饿死无人管，亦可能四周围的人都在那儿打算你！啊呀！这是什么社会？这是什么人生？—然而这并不新奇。财产私有，生存竞争，自不免演到这一步！ 这在被欺被害的人，固属不幸而可悯；即那行骗行暴的人，亦太可怜了！太不像个"人"了！人类不应当这个样子！人间的这一切罪恶，社会制度（财产私有制度）实为之，不能全以责备哪个人。若根源上不解决，徒以严法峻刑对付个人，囚之杀之，实在是不通的事。我们即从法律之禁不了，已可证明其不通与无用。

人间还有许多罪恶，似为当事双方所同意，亦且为法律所不禁的，如许多为了金钱不复计及人格的事。其极端之例，便是娼优。社会上

大事小事，属此类型，各式各样亦复数之不尽。因为在这社会上，是苦是乐，是死是活，都决定于金钱。钱之为用，乃广大无边，而高于一切；拥有大量钱财之人，即不啻握有莫大权力，可以役使一切了。此时责备有钱的人，不该这样用他的钱；责备无钱的人，不该这样出卖自己，高倡道德，以勉励众人，我们亦徒见其迂谬可笑，费尽唇舌，

难收效果而已！

此外还有法律之所许可，道德不及纠正，而社会无形予以鼓励的事；那便是经济上一切竞争行为。竞争之结果，总有许多落伍失败的人，陷于悲惨境遇，其极端之例，便是乞丐。那些不出来行乞，而境遇悲惨需人救恤者，同属这一类型。大抵老弱残废孤寡疾病的人，竞争不了，最容易落到这地步。我认为这亦是人间的一种罪恶。不过这种罪恶，更没有哪一个负其责，显明是社会制度的罪恶了。

此时虽有慈善家来举办慈善事业以为救济，但不从头理清此一问题，支支节节，又能补救得几何？此时普及教育是不可希望的，公共卫生是不能讲的，纵然以国家力量勉强举办一些，无奈与其社会大趋势相反何？——大趋势使好多人不能从容以受教育，使好多人无法讲求卫生。社会财富可能以自由竞争而增进（亦有限度），但文化水准不见得比例地随以增高，尤其风俗习惯想要日进于美善，是不可能的。因根本上先失去人心的清明安和，而流于贪吝自私，再加以与普及教育是矛盾的，与公共卫生是矛盾的，那么，将只有使身体方面心理方面日益败坏堕落下去！

人类日趋于下流与衰败，是何等可惊可惧的事！教育家挽救不了；卫生家挽救不了；宗教家、道德家、哲学家都挽救不了。什么政治家、法律家更不用说。拔本塞源，只有废除财产私有制度，以生产手段归公，生活问题基本上由社会共同解决，而免去人与人之间的生存竞争。——这就是社会主义了。

我当时对于社会主义所知甚少，却十分热心。其所以热心，便是认定财产私有为社会一切痛苦与罪恶之源，而不可忍地反对它。理由如上所说亦无深奥，却全是经自己思考而得。是年冬，曾撰成《社会主义粹言》一书（内容分十节，不过万二三千字），自己写于蜡纸，油印数十本赠人。今无存稿。唯在《漱溟卅前文录》中，有《槐坛讲演之一段》一篇，是民国十二年春间为曹州中学生所讲，讲到一点从前的思想。

那时思想，仅属人生问题一面之一种社会理想，还没有扣合到中国问题上。换言之，那时只有见于人类生活需要社会主义，却没有见出社会主义在中国问题上，有其特殊需要。

十二、出世思想

我大约从十岁开始即好用思想。其时深深感受先父思想的影响，若从今日名词言之，可以说在人生哲学上重视实际利害，颇暗合于中国古代墨家思想或西方近代英国人的功利主义。一以先父似未尝读墨子书，更不知有近代英国哲学，故云暗合。大约十六七岁时，从利害之分析追问，而转入何谓苦何谓乐之研索，归结到人生唯是苦之认识，于是遽尔倾向印度出世思想了。十七岁曾拒绝母亲为我议婚，二十岁开始茹素，寻求佛典阅读，怀抱出家为僧之念，直至二十九岁乃始放弃。

十三、学佛又学医

我寻求佛典阅读之，盖始于民国初元，而萃力于民国三年前后。于其同时兼读中西医书。佛典及西医书均求之于当时琉璃厂西门的有正书局。此为上海有正书局分店。据闻在上海主其事者为狄葆贤，号平子，又号平等阁主，崇信佛法，《佛学丛报》每月一期，似即其主编。金陵刻经处刻出之佛典，以及常州等处印行之佛典，均于此流通，任人觅购。《佛学丛报》中有李证刚（翊灼）先生文章，当时为我所喜读。但因无人指教，自己于佛法大乘小乘尚不分辨，于各宗派更属茫然，遇有佛典即行购求，亦不问其能懂与否。曾记得"唯识"、"因明"各典籍最难通晓，暗中摸索，费力甚苦。

所以学佛又学医者，虽心慕金刚经所云"入城乞食"之古制，自度不能行之于今，拟以医术服务人民取得衣食一切所需也。恰好有正书局代售上海医学书局出版之西医书籍，因并购取读之。据闻此局主事者丁福保氏，亦好佛学，曾出版佛学辞典等书。丁氏狄氏既有同好，两局业务遂以相通。其西医各书系由日文翻译过来，有关于药物学、内科学、病理学、诊断学等著作十数种之多，我尽购取闭户研究。

中医古籍则琉璃厂各书店多有之。我所读者据今日回忆似以陈修园四十八种为主，从《黄帝内经》以至张仲景《伤寒》、《金匮》各书均在其中。我初以为中西医既同以人身疾病为研究对象，当不难沟通，后乃知其不然。中西两方思想根本不同，在某些末节上虽可互有所取，终不能融合为一。其后既然放弃出家之想，医学遂亦置而不谈。

十四、父亲对我信任且放任

此节的最好参考资料是我所为《思亲记》一文（见先公遗书卷首）。吾父对我的教育既经叙述在第二节，今此节不外继续前文。其许多事实则具备于《思亲记》所记之中，兹分别概述如下：

父亲之信任于我，是由于我少年时一些思想行径很合父意，很邀嘉赏而来。例如我极关心国家大局，平素看轻书本学问而有志事功，爱读梁任公的《新民丛报》、《德育鉴》、《国风报》等书报，写作日记，勉励自己。这既有些像父亲年轻时所为，亦且正和当时父亲的心理相合。每于晚饭后谈论时事，我颇能得父亲的喜欢。又如父亲向来佩服胡林翼慷慨有担当，郭嵩焘识见不同于流俗，而我在读到《三名臣书牍》、《三星使书牍》时，正好特别重视这两个人。这都是我十四五岁以至十九岁时的事情，后来就不同了。

说到父亲对我的放任，正是由于我的思想行动很不合父亲之意，且明示其很不同意于我，但不加干涉，让我自己回心转意。我不改变，仍然听任我所为，这便是放任了。

不合父意的思想行动是哪些呢？正如《思亲记》原文说的一自（民国）元年以来谬慕释氏，语及人生大道必归宗天竺，策数世间治理则矜尚远西。于祖国风教大原，先民德礼之化顾不知留意。

实则时间上非始自民国元年，而早在辛亥革命时，我参加革命行动，父亲就明示不同意了，却不加禁止。革命之后，国会开会，党派竞争颇多丑剧，父亲深为不满，而我迷信西方政制，以为势所难免，事事为之辩护。虽然父子好谈时事一如既往，而争论剧烈，大伤父心。一此是一方面。

再一方面，就是我的出世思想，好读佛典，志在出家为僧，父亲当然大为不悦。但我购读佛书，从来不加禁阻。我中学毕业后，不愿升学，以至我不结婚，均不合父意，但均不加督促。只是让我知道他是不同意的而止。这种宽放态度，我今天想起来仍然感到出乎意料。同时，我今天感到父亲这样态度对我的成就很大，实在是意想不到的一种很好的教育。不过我当时行事亦自委婉，例如吃素一事（守佛家戒律）要待离开父亲到达西安时方才实行。所惜我终违父意，父在世之时坚不结婚；其后我结婚则父逝既三年矣。

十五、当年倾慕的几个人物

吾父放任我之所为，一不加禁，盖相信我是有志向上的人，非趋向下流，听其自己转变为宜。就在此放任之中，我得到机会大走自学之路，没有落于被动地受教育地步。大约从十四五岁到十八九岁一阶段，我心目中有几个倾慕钦佩的人物，分述如下：

梁任公先生当然是头一个。我从壬寅、癸卯、甲辰（1902年—1904年）三整年的《新民丛报》学到很多很多知识，激发了志气，受影响极大。我曾写有纪念先生一文，可参看。文中亦指出了他的缺点。当年钦仰的人物，后来不满意，盖非独于任公先生为然。再就是先舅氏张西先生耀曾，为我年十四五岁之时所敬服之人。舅于母极孝，俗有"家贫出孝子"之说，确是有理。他母亲是吾父表姐，故尔他于吾父亦称舅父，且奉吾父为师。他在民国初年政治中，不唯在其本党（同盟会、国民党）得到群情推重信服，而且深为异党所爱重。我在政协《文史资料选辑》中写有一文可参看。惜他局限于资产阶级的政治思想，未能适应社会主义新潮流。

再就是章太炎（炳麟）先生的文章，曾经极为我所爱读，且惊服其学问之渊深。我搞的《晚周汉魏文钞》，就是受他文章的影响。那时我正在倾心学佛，亦相信了他的佛学。后来方晓得他于佛法竟是外行。

再就是章行严（士钊）先生在我精神上的影响关系，说起来话很长。我自幼喜看报纸。十四岁入中学后，学校阅览室所备京外报纸颇多，我非止看新闻，亦且细看长篇论文。当时北京有一家《帝国日报》常见有署名"秋桐"的文章，讨论宪政制度，例如国会采用一院制抑二院制的问题等。笔者似在欧洲，有时兼写有《欧游通讯》刊出，均为我所爱读。后来上海《民立报》常见署名"行严"的论文，提倡讲逻辑。我从笔调上判断其和"秋桐"是一个人的不同笔名，又在梁任公主编的《国风报》（一种期刊、出版于日本东京）上见有署名"民质"的一篇论翻译名词的文章，虽内容与前所见者不相涉，但我又断定必为同一个人。此时始终不知其真实姓名为谁。

后来访知其真姓名为章士钊，我所判断不同笔名实为一个人者果然不差。清廷退位后，孙中山先生以临时总统让位于袁世凯，但党（同盟会）内决议定者南京，要袁南下就职，《民立报》原为党的机关报，而章先生主持笔政，却发表其定都北京之主张。党内为之哗然；又因章先生本非同盟会会员，群指为报社内奸。于是章先生乃不得不退出《民立报》。自己创办一周刊标名《独立周报》，抒发个人言论。其发刊词表明自己从来独立不倚 independent 的性格，又于篇末附有寄杨怀中先生（昌济）长达一二千字的书信。书信内容说他自己虽同孙（中山）黄（克强）一道奔走革命，却不加入同盟会之事实（似是因加入同盟会必誓言忠于孙公并捺手指印模，而他不肯行之）。当时他所兄事的章太炎、张溥泉两位，曾强他参加，至于把他关锁在房间内，如不同意参加便不放出（按此时他年龄似尚不足二十岁），而他终不同意。知此事者不多，怀中先生却知道，可以作证。《独立周报》发刊，我曾订阅，对于行严先生这种性格非常喜欢。彼此精神上，实有契合，不徒在文章之末。

其后，章先生在日本出版《甲寅》杂志，我于新闻记者之余，开始与他通信，曾得答书不少，皆保存之，可惜今尽失去。其时正当孙黄二次革命失败，袁世凯图谋帝制，人心苦闷，《甲寅》论著传诵国内，极负盛名。不久章先生参与西南倒袁之役，担任军务院秘书长。袁倒黎继，因军务院撤销问题，先生来北京接洽结束事务，我们始得见面。但一见之后，即有令我失望之感。我认为当国家多难之秋，民生憔悴之极，有心人必应刻苦自励，而先生颇以多才而多欲，非能为大局负责之人矣。其后细行不检，嫖、赌、吸鸦片无所不为，尤觉可惜。然其个性甚强，时有节慨可见，九十高龄犹勤著述（我亲见之）

自不可及。

十六、思想进步的原理

思想似乎是人人都有的，但有而等于没有的，殆居大多数。这就是在他头脑中杂乱无章，人云亦云，对于不同的观点意见，他都点头称是。思想或云一种道理，原是对于问题的解答：他之没有思想正为其没有问题。反之，人之所以有学问，恰为他善能发见问题，任何微细不同的意见观点，他都能觉察出来，认真追求，不忽略过去。问题是根苗，大学问像一棵大树，从根苗上发展长大起来，而环境见闻（读书在其内），生活实践，则是它的滋养资料，久而久之自然蔚成一大系统。思想进步的原理，一言总括之，就是如此。往年曾有《如何成为今天的我》一篇讲演词（见于商务馆出版的《漱溟卅后文录》），又旧著《中国文化要义》书前有一篇《自序》均可资参看。

十七、东西文化问题

我既从青年时便体认人生唯是苦，觉得佛家出世最合我意，茹素不婚，勤求佛典，有志学佛。不料竟以《究元决疑论》一篇胡说瞎论引起蔡元培先生注意，受聘担任北大印度哲学讲席。这恰值新思潮（“五四”运动）发动前夕。当时的新思潮是既倡导西欧近代思潮（赛恩斯与德谟克拉西），又同时引入各种社会主义学说的。我自己虽然对新思潮莫逆于心，而环境气氛却对我讲东方古哲学的无形中有很大压力。就是在这压力下产生出来我（东西文化及其哲学）一书，这书内容主要是把西洋、中国、印度不相同的三大文化体系各予以人类文化发展史上适当的位置，解决了东西文化问题。

十八、回到世间来

《东西文化及其哲学》一书，在人生思想上归结到中国儒家的人生，并指出世界最近未来将是中国文化的复兴。这是我从青年以来的一大思想转变。当初归心佛法，由于认定人生唯是苦（佛说四谛法：苦、集、灭、道），一旦发现儒书《论语》开头便是"学而时习之不亦乐乎"，一直看下去，全书不见一苦字，而乐字却出现了好多好多，不能不引起我极大注意。在《论语》书中与乐字相对待的是一个忧字。然而说"仁者不忧"，孔子自言"乐以忘忧"，其充满乐观气氛极其明白；是何为而然？经过细心思考反省，就修正了自己一向的片面看法。此即写出《东西文化及其哲学）的原因，亦就伏下了自己放弃出家之念，而有回到世间来的动念。

动念回到世间来，虽说触发于一时，而早有其酝酿在的。这就是被误拉进北京大学讲什么哲学，参入知识分子一堆，不免引起好名好胜之心。好名好胜之心发乎身体，而身体则天然有男女之欲。但我既蓄志出家为僧，不许可婚娶，只有自己抑制遏止其欲念产生。自己也就这样时时处在矛盾斗争中。矛盾斗争不会长久相持不决，适到机会终于触发了放弃一向要出家的决心。

机会是在 1920 年春初，我应少年中国学会请作宗教问题讲演后，在家补写其讲词。此原为一轻易事，乃不料下笔总不如意，写不数行，涂改满纸，思路窘涩，头脑紊乱，自己不禁诧讶，掷笔叹息。既静心一时，随手取《明儒学案》翻阅之。其中泰州王心斋一派素所熟悉，此时于东崖语录中忽看到"百虑交锢，血气靡宁"八个字蓦地心惊：这不是恰在对我说的话吗？这不是恰在指斥现时的我吗？顿时头皮冒汗，默然有省。遂由此决然放弃出家之念。是年暑假应邀在济南讲演《东西文化及其哲学》一题，回京写定付印出版，冬十一月尾结婚。

如何成为今天的我

在座各位，今天承中山大学哲学会请我来演讲；中山大学是华南最高的研究学问的地方，我在此地演讲，很是荣幸，大家的欢迎却不敢当。

今天预备讲的题目很寻常，讲出来深恐有负大家的一番盛意。本来题目就不好定，因为这题目要用的字面很难确当。我想说的话是说明我从前如何求学，但求学这两个字也不十分恰当，不如说是来说明如何成功今天的我的好——大概我想说的话就是这些。

为什么我要讲这样的一个题目呢？我讲这个题目有两点意义：

第一点，初次和大家见面，很想把自己介绍于诸位。如果诸位从来不曾听过有我梁某这个人，我就用不着介绍。我们从新认识就好了。但是诸位已经听见人家讲过我；所听的话，大都是些传说，不足信的，所以大家对于我的观念，多半是出于误会。我因为不想大家有由误会

生出来对于我的一种我所不愿意接受的观念，所以我想要说明我自己，解释这些误会，

使大家能够知道我的内容真相。

第二点，今天是哲学系的同学请我讲演；并且这边哲学系曾经要我来担任功课之意甚殷，这个意思很不敢当，也很感谢。我今天想趁这个机会把我心里认为最要紧的话，对大家来讲一讲，算是对哲学系的同学一点贡献。

一、我想先就第一点再申说几句：我所说大家对于我的误会，是不知道为什么把我看做一个国学家，一个佛学家，一个哲学家；不知道为什么会有这许多的徽号，这许多想象和这许多猜测！这许多的高等名堂，我殊不敢受。我老实对大家讲一句：我根本不是学问家！并且简直不是讲学问的人，我亦没有法子讲学问！大家不要说我是什么学问家！我是什么都没有的人，实在无从讲学问。不论是讲哪种学问，总要有一种求学问的工具：要西文通晓畅达才能求现代的学问；而研究现代的学问，又非有科学根柢不行。我只能勉强读些西文书；科学的根柢更没有。到现在我才只是一个中学毕业生！说到国学，严格地说来，我中国字还没认好。除了只费十几天的功夫很匆率地翻阅一过《段注说文》之外，对于文字学并无研究，所以在国学方面，求学的工具和根柢也没有。中国的古书我通通没有念过；大家以为我对于中国古书都很熟，其实我一句也没有念，所以一句也不能背诵。如果我想引用一句古书，必定要翻书才行。从七八岁起即习 ABC，但到现在也没学好；至于中国的古书到了十几岁时才找出来像看杂志般的看过一回。所以，我实在不能讲学问，不管是新的或旧的，而且连讲学问的工具也没有；那末，不单是不会讲学问，简直是没有法子讲学问。

但是，为什么缘故，不知不觉地竟让大家误会了以我为一个学问家呢？此即今天我想向大家解释的。我想必要解释这误会，因为学问家是假的，而误会已经真有了！所以今天向大家自白，让大家能明白我是怎样的人，真是再好不过。这是申说第一点意义的。

二、（这是对哲学系的同学讲的）在我看，一个大学里开一个哲学系，招学生学哲学，三年五年毕业，天下最糟，无过于是！哲学系实在是误人子弟！记得民国六年或七年（记不清是六年还是七年，总之是十年以前的话），我在北京大学教书时，哲学系第一届（或第二）毕业生因为快要毕业，所以请了校长文科学长教员等开一个茶会。那时，文科学长陈独秀先生曾说："我很替诸位毕业的同学发愁。因为国文系的同学毕业，我可以替他们写介绍信，说某君国文很好请你用他；或如英文系的同学毕业时，我可以写介绍信说某君英文很好请你可以用他；但哲学系毕业的却怎么样办呢？所以我很替大家发愁！"大学的学生原是在乎深造于学问的，本来不在乎社会的应用的，他的话一半是说笑话，自不很对；但有一点，就是学哲学一定没有结果，这一点是真的！学了几年之后还是莫名其妙是真的！所以我也不能不替哲学系的同学发愁！

哲学是个极奇怪的东西：一方面是尽人应该学之学，而在他一方面却又不是尽人可学之学；虽说人人都应当学一点，然而又不是人人所能够学得的。换句话讲，就是没有哲学天才的人，便不配学哲学；如果他要勉强去学，就学一辈子，也得不到一点结果。所以哲学这项学问，可以说是只少数人所能享的一种权利；是和艺术一样全要靠天才才能成功，却与科学完全殊途。因为学科学的人，只要肯用功，多学点时候，总可学个大致不差；譬如工程学，算是不易的功课，然而除非是个傻子或者有神经病的人，就没有办法；不然，学上八年十年，总可以做个工程师。哲学就不像这样，不仅要有天才，并且还要下功夫，才有成功的希望；没有天才，纵然肯下功夫，是不能做到，即算有天才不肯下功夫，也是不能成功。

如果大家问哲学何以如此特别，为什么既是尽人应学之学，同时又不是尽人可学之学的道理；这就因为哲学所研究的问题，最近在眼前，却又是远在极处——最究竟。北冰洋离我们远，他比北冰洋更远。如宇宙人生的问题，说他深远，却明明是近在眼前。这些问题又最普遍，可以说是寻常到处遇得着；但是却又极特殊，因其最究竟。因其眼前普遍，所以人人都要问这问题，亦不可不问；但为其深远究竟，人人无法能问，实亦问不出结果。甚至一般人简直无法去学哲学。大概宇宙人生本是巧妙之极，而一般人却是愚笨之极；各在极端，当然两不相遇。既然根本没有法子见面，又何能了解呢？你不巧妙，无论你怎样想法子，一辈子也休想得到那个巧妙；所以我说哲学不是尽人可学的学问。有人以为宇宙人生是神秘不可解，其实非也。有天才便可解，没有天才便不可解。你有巧妙的头脑，自然与宇宙的巧妙相契无言，莫逆于心；亦不以为什么神秘超绝。如果你没有巧妙的头脑，你就用不着去想要懂他，因为你够不上去解决他的问题。不像旁的学问，可以一天天求进步，只要有积累的功夫，对于那方面的知识，总可以增加；譬如生理卫生、物理、化学、天文、地质各种科学，今天懂得一个问题，明天就可以去求解决一个新问题；而昨天的问题，今天就用不着再要去解决了。（不过愈解决问题，就也愈发见问题。）其他各种学问，大概都是只要去求解决后来的问题，不必再去研究从前已经解决了的问题；在哲学就不然，自始至终，总是在那些老问题上盘旋。周、秦、希腊几千年前所研究的问题，到现在还来研究。如果说某种科学里面也是要解决老问题的，那一定就是种很接近哲学的问题；不然，就决不会有这种事。以此，有人说各种科学都有进步，独哲学自古迄今不见进步。实则哲学上问题亦非总未得解决。不过科学上问题的解决可以摆出外面与人以共见；哲学问题的解决每存于个人主观，不能与人以共见。古之人早都解决，而后之人不能不从头追问起；古之人未尝自圈其所得，而后之人不能资之以共喻；遂若总未解决耳。进步亦是有的，但不存于正面，而在负面，即指示"此路不通"是也。问题之正面解答，虽迄无定论；而其不可作如是观，不可以是求之，则逐渐昭示于人。故哲学界里，无成而有成，前人功夫卒不白费。

这样一来，使哲学系的同学就为难了：哲学既是学不得的学问，而诸位却已经上了这个当，进了哲学系，退不出来，又将怎么办呢？所以我就想来替大家想个方法补救。法子对不对，我不敢断定，我只是想贡献诸位这一点意思；诸位照我这个办法去学哲学，虽或亦不容易成功，但也许成功。这个方法，就是我从前求学走的那条路，我讲出来让大家去看是不是一条路，可不可以走得。

不过我在最初并没有想要学哲学，连哲学这个名词，还不晓得；更何从知道有治哲学的好方法？我但于不知不觉间走进这条路去的。我在《东西文化及其哲学》自序中说："我完全没有想学哲学，但常常好用心思；等到后来向人家说起，他们方告诉我这便是哲学……"实是真话。我不但从来未曾有一天动念想研究哲学，而且我根本未曾有一天动念想求学问。刚才已经很老实地说我不是学问家，并且我没有法子讲学问。现在更说明我从开头起始终没有想讲学问。我从十四岁以后，心里抱有一种意见（此意见自不十分对）。甚么意见呢？就是鄙薄学问，很看不起有学问的人；因我当时很热心想作事救国。那时是前清光绪年间，外国人要瓜分中国，我们要有亡国灭种的危险一类的话听得很多；所以一心要救国，而以学问为不急之务。不但视学问为不急，并且认定学问与事功截然两途。讲学问便妨碍了作事，越有学问的人越没用。这意见非常的坚决。实在当时之学问亦确是有此情形；甚么八股词章、汉学、宋学……对于国计民生的确有何用呢？又由于我父亲给我的影响亦甚大。先父最看得读书人无用，虽他自己亦尝读书中举。他常常说，一个人如果读书中了举人，便快要成无用的人；更若中进士点翰林大概什九是废物无能了。他是个太过尚实认真的人，差不多是个狭隘的实用主义者：每以有用无用，有益无益，衡量一切。我受了此种影响，光绪末年在北京的中学念书的时候，对于教师教我的唐宋八家的古文顶不愿意听；讲庄子《齐物论》、《逍遥游》……那末更头痛。不但觉得无用无聊之讨厌，更痛恨他卖弄聪明，故示玄妙，完全是骗人误人的东西！当时尚未闻"文学"，"艺术"，"哲学"一类的名堂；然而于这一类东西则大概都非常不喜欢。一直到十九、二十岁还是这样。于哲学尤其嫌恶，却不料后来自己竟被人指目为哲学家！

　　由此以后，这种错误观念才渐渐以纠正而消没了。但又觉不得空闲讲学问；一直到今天犹且如此。所谓不得空闲讲学问，是什么意思呢？因为我心里的问题太多，解决不了。凡聪明人于宇宙事物大抵均好生疑问，好致推究，但我的问题之多尚非此之谓。我的问题背后多半有较强厚的感情相督迫，亦可说我的问题多偏乎实际（此我所以不是哲学家乃至不是学问家的根本原因）；而问题是相引无穷的，心理不免紧张而无暇豫①。有时亦未尝不想在优游恬静中，从容的研究一点学问，却完全不能做到了。虽说今日我亦颇知尊重学问家，可惜我自己做不来。

从前薄学问而不为，后来又不暇治学问，而到今天竟然成为一个被人误会为学问家的我。此中并无何奇巧，我只是在无意中走上一条路；走上了，就走不下来，只得一直走去；如是就走到这个易滋误会（误会是个学问家）的地方。其实亦只易滋误会罢了；认真说，这便是做学问的方法吗？我不敢答，然而真学问的成功必有资于此，殆不妄乎。现在我就要来说明我这条路，做一点对于哲学系同学的贡献。

我无意中走上的路是怎么样一条路呢？就是我不知为何特别好用心思。我不知为甚么便爱留心问题，——问题不知如何走上我心来，请他出去，他亦不出去。大约从我十四岁就好用心思，到现在二十多年这期间内，总有问题占据在我的心里。虽问题有转变而前后非一，但半生中一时期都有一个问题没有摆脱，由此问题移入彼问题，由前一时期进到后一时期。从起初到今天，常常在研究解决问题，而解决不完，心思之用亦欲罢不能，只好由它如此。这就是我二十余年来所走的一条路。

如果大家要问为什么好用心思？为什么会有问题？这是我很容易感觉到事理之矛盾，很容易感觉到没有道理，或有两个以上的道理。当我觉出有两个道理的时候，我即失了主见，便不知要那样才好。眼前若有了两个道理或多的道理，心中便没了道理，很是不安，却又丢不开，如是就占住了脑海。我自己回想当初为甚么好用心思，大概就

---

① 闲暇。亦指闲暇的时间。——编者注

是由于我易有这样感觉吧。如果大家想做哲学家，似乎便应该有这种感觉才得有希望。更放宽范围说，或者许多学问都需要这个为起点呢。

以下分八层来说明我走的一条路：

（一）因为肯用心思所以有主见

对一个问题肯用心思，便对这问题自然有了主见，亦即是在自家有判别。记得有名的哲学家詹姆士（James）仿佛曾说过一句这样的话："哲学上的外行，总不是极端派。"这是说胸无主见的人无论对于什么议论都点头；人家这样说他承认不错，人家那样说他亦相信有理。因他脑里原是许多杂乱矛盾未经整理的东西。两边的话冲突不相容亦麻糊不觉，凡其人于哲学是外行的，一定如此。哲学家一定是极端的！甚么是哲学的道理？就是偏见！有所见便想把这所见贯通于一切，而使成普遍的道理。因执于其所见而极端地排斥旁人的意见，不承认有二或二以上的道理。美其名曰主见亦可，斥之曰偏见亦可。实在岂但哲学家如此！何谓学问！有主见就是学问！遇一个问题到眼前来而茫然的便是没有学问！学问不学问，却不在读书之多少。哲学系的同学，生在今日，可以说是不幸。因为前头的东洋西洋上古近代的哲学家太多了；那些读不完的书，研寻不了的道理，很沉重地积压在我们头肩上，不敢有丝毫的大胆量，不敢稍有主见。但如果这样，终究是没有办法的。大家还要有主见才行。那末就劝大家不要为前头的哲学家吓住，不要怕主见之不对而致不要主见。我们的主见也许是很浅薄，浅薄亦好，要知虽浅薄也还是我的。许多哲学家的哲学也很浅，就因为浅便行了。James 的哲学很浅，浅所以就行了！胡适之先生的更浅，亦很行。因为这是他自己的，纵然不高深，却是心得，而亲切有味。所以说出来便能够动人：

能动人就行了！他就能成他一派。大家不行，就是因为大家连浅薄的都没有。

（二）有主见乃感觉出旁人意见与我两样

要自己有了主见，才得有自己；有自己，才得有旁人——才得发觉得前后左右都有种种与我意见不同的人在。这个时候，你才感觉到种种冲突，种种矛盾，种种没有道理，又种种都是道理。于是就不得不有第二步的用心思。

学问是什么？学问就是学着认识问题。没有学问的人并非肚里没有道理，脑里没有理论，而是心里没有问题。要知必先看见问题，其次乃是求解答；问题且无，解决问题更何能说到。然而非能解决问题，不算有学问。我为现在哲学系同学诸君所最发愁的，便是将古今中外的哲学都学了；道理有了一大堆，问题却没有一个。简直成了莫可奈何的绝物。要求救治之方，只有自己先有主见，感觉出旁人意见与我两样，而触处皆是问题；憬然于道理之难言，既不甘随便跟着人家说，尤不敢轻易自信；求学问的生机才有了。

（三）此后看书听话乃能得益

大约自此以后乃可算会读书了。前人的主张，今人的言论，皆不致轻易放过，稍有与自己不同处，便知注意。而凡于其自己所见愈亲切者，于旁人意见所在愈隔膜。不同，非求解决归一不可；隔膜，非求了解他不可。于是古人今人所曾用过的心思，我乃能发见而得到，以融取而收归于自己。所以最初的一点主见便是以后大学问的萌芽。从这点萌芽才可以吸收滋养料；而亦随在都有滋养料可得。有此萌芽向上才可以生枝发叶，向下才可以入土生根。待得上边枝叶扶疏，下边根深蒂固，学问便成了。总之，必如此才会用心，会用心才会读书；

不然读书也没中用处。现在可以告诉大家一个看人会读书不会读书的方法：会读书的人说话时，他要说他自己的话，不堆砌名词，亦无事旁征博引。反之，一篇文里引书越多的一定越不会读书。

（四）学然后知不足

古人说"学然后知不足"，真是不错，只怕你不用心，用心之后就自知虚心了。自己当初一点见解之浮浅不足以解决问题，到此时才知道了。问题之不可轻谈，前人所看之高过我，天地间事理为我未及知者之尽多，乃打下了一向的粗心浮气。所以学问之进，不独见解有进境，逐有修正，逐有锻炼；而心思头脑亦锻炼得精密了，心气态度亦锻炼得谦虚了。而每度头脑态度之锻炼又皆还而于其见解之长进有至大关系。换言之，心虚思密实是求学的必要条件。学哲学最不好的毛病是说自家都懂。问你，柏拉图懂吗？懂。佛家懂吗？懂。儒家懂吗？懂。老子、阳明也懂；康德、罗素、柏格森……全懂得。说起来都像自家熟人一般。一按其实，则他还是他未经锻炼的思想见地；虽读书，未曾受益。凡前人心思曲折，经验积累，所以遗我后人者乃一无所承领，而贫薄如初。遇着问题，打起仗来，于前人轻致反对者固属隔膜可笑，而自谓宗主前人者亦初无所窥。此我们于那年科学与人生观的论战，所以有大家太不爱读书，太不会读书之叹也。而病源都在不虚心，自以为没什么不懂得的。殊不知，你若当真懂得柏拉图，你就等于柏拉图。若自柏拉图、佛、孔子以迄罗素、柏格森数理生物之学都懂而兼通了；那末，一定更要高过一切古今中外的大哲了！所以我劝同学诸君，对于前人之学总要存一我不懂之意。人问柏拉图你懂吗？不懂。柏格森懂吗？不懂。阳明懂吗？不懂。这样就好了。从自己觉得不懂，就可以除去一切浮见，完全虚心先求了解他；这样，书一定被你读到了。

我们翻开《科学与人生观之论战》一看，可以觉到一种毛病；甚么毛病呢？科学派说反科学派所持见解不过如何如何；其实并不如此。因为他们自己头脑简单，却说人家头脑简单；人家并不如此粗浅，如此不通，而他看成人是这样。他以为你们总不出乎此。于是他就从这里来下批评攻击。可以说是有意无意的栽赃。我从来的脾气与此相反。从来遇着不同的意见思想，我总疑心他比我高。疑心他必有为我所未及的见闻在；不然，他何以不和我作同样判断呢？疑心他必有精思深悟过乎我；不然，何以我所见如此而他乃如彼？我原是闻见最不广，知识最不够的人。聪明颖悟，自己看是在中人以上；然以视前人则远不逮，并世中高过我者亦尽多。与其说我是心虚，不如说我胆虚较为近实。然由此不敢轻量人。而人乃莫不资我益。因此我有两句话希望大家常常存记在心。第一，"担心他的出乎我之外"；第二，"担心我的出乎他之下"。有这担心，一定可以学得上进。《东西文化及其哲学》这本书就为了上面我那两句话而产生的。我二十岁的时候，先走入佛家的思想，后来又走到儒家的思想。因为自己非常担心的原故，不但人家对佛家儒家的批评不能当做不看见；并且自己留心去寻看有多少对我的批评。总不敢自以为高明，而生恐怕是人家的道理对。因此要想方法了解西洋的道理，探求到根本，而谋一个解决。迨自己得到解决，便想把自己如何解决的拿出来给大家看，此即写那本书之由也。

（五）由浅入深便能以简御繁

归纳起第一、第二、第三、第四四点，就是常常要有主见，常常看出问题，常常虚心求解决。这样一步一步的牵涉越多，范围越广，辨察愈密，追究愈深。这时候零碎的知识，段片的见解都没有了；在心里全是一贯的系统，整个的组织。如此，就可以算成功了。到了这时候，才能以简御繁，才可以学问多而不觉得多。凡有系统的思想，在心里都很简单，仿佛只有一两句话。凡是大哲学家皆没有许多话说，总不过一两句。很复杂很沉重的宇宙，在他手心里是异常轻松的一所谓举重若轻。学问家如说肩背上负着多沉重的学问，那是不对的；如说当初觉得有什么，现在才晓得原来没有什么，那就对了。其实，真仿佛没话可讲。对于道理越看得明透越觉得无甚话可说，还是一点不说的好。心里明白，口里讲不出来。反过来说，学问浅的人说话愈多，思想不清楚的人名词越多。一个没有学问的人看见真要被他吓坏！其实道理明透了，名词便可用，可不用，或随意拾用。

（六）是真学问便有受用

有受用，没受用仍就在能不能解决问题。这时对于一切异说杂见都没有摇惑，而身心通泰，怡然有以自得。如果外面或里面还有摆着解决不了的问题，那学问必是没到家。所以没有问题，因为他学问已经通了。因其有得于己，故学问可以完全归自己运用。假学问的人，学问在他的手里完全不会用。比方学武术的十八般武艺都学会了，表演起来五花八门很像个样。等到打仗对敌，叫他抡刀上阵，却拿出来的不是那个，而是一些幼稚的拙笨的，甚至本能的反射运动。或应付不了，跑回来搬请老师。这种情形在学术界里，多可看见。可惜一套武艺都白学了。

（七）旁人得失长短一望而知

这时候学问过程里面的甘苦都尝过了；再看旁人的见解主张，其中得失长短都能够看出来。这个浅薄，那个到家，这个是什么分数，那个是什么程度，都知道得很清楚；因为自己从前皆曾翻过身来，一切的深浅精粗的层次都经过。

（八）自己说出话来精巧透辟

每一句话都非常的晶亮透辟，因为这时心里没有一点不透的了。此思精理熟之像也。

现在把上面的话结束起来。如果大家按照我的方法去做功夫，虽天分较低的人，也不致于全无结果。盖学至于高明之域，诚不能不赖有高明之资。然但得心思剀切事理，而循此以求，不急不懈，持之以恒者，则祛俗解蔽，未尝不可积渐以进。而所谓高明正无奥义可言，亦不过俗祛蔽解之真到家者耳。此理，前人早开掘出以遗我，第苦后人不能领取。诚循此路，必能取益；能取益古人则亦庶几矣。

至于我个人，于学问实说不上。上述八层，前四层诚然是我用功的路径；后四层，往最好里说，亦不过庶几望见之耳——只是望见，非能实有诸己。少时妄想作事立功而菲薄学问；二三十岁稍有深思，亦殊草率；近年问题益转入实际的具体的国家社会问题上来。心思之用又别有在，若不如是不得心安者。后此不知如何，终恐草草负此生耳。

末了，我要向诸位郑重声明的：我始终不是学问中人，也不是事功中人；我想了许久，我是什么人？我大概是问题中人！

认真读书改造世界观

毛主席说过世界上怕就怕"认真"二字，共产党就最讲"认真"。说读书要认真，其意不同于努力读书。努力谈书、下劲读书是主观一面的事，而读书认真不认真则含有客观的意义，我以为其意义正应该本着《实践论》和《人的正确思想是从哪里来的》去寻求去了解。读书而不认真，就不能改造世界观，改造思想。

照我看，认真读书的这个认真可以分为三层或三点意思。

第一，先说书是什么？书上有许多文字符号，它代表着人的语言、说话。人说话不是平白无故的，总是在解答什么问题，叫人明白一件事物或明白一个道理。既然书上所写亦即所说的都在解答问题，解决从不知到知的矛盾，所以第一是要带着问题学，不要泛泛地读书，要为解决一个什么问题而读书。这样读书就读得进去，读得入，就不会书是书，你是你。就会在你的世界观起影响。

我可以我一生的生活经验来说明。我只不过是一个中学生，没进大学，更没有去东西洋留学。中学里没有哲学一门课，而且当我念中学时还没有听见"哲学"一名词；哲学这名词是从外国输入的，旧书中没有。我原不知道什么是哲学，也从来没有想过哲学。但后来却到大学里讲哲学了。为何能如此？就为我十几岁就对人生抱疑问，从人生的怀疑、烦闷，不知不觉有些思想见解。当我对人讲说时，人家告诉说："你讲的是哲学。"问题在先，道理在后，有问题才有道理。否则不切实，不真懂。毛主席说陆军大学毕业的不如黄埔毕业的会打仗。

赵奢之子赵括的故事。毛主席没有学过军事，从战争学战争，从游泳中学游泳。此即一定要实践，从实践中得经验，才有所谓感情认识、理性认识那些。是否我们就去实践好了，不必读书呢？这不好，这没有借用前人的经验。一切都从头来，就一个人说太费力气，就社会说将没有进步。物理化学上的学理都是前人的发明、发现、创造，留给后人，这一代一代愈来愈进步。书上所记的都是前人认识出来，告诉你，你也可以做些物理化学的实验，也就能得到许多学理，不必再从头来过。读书的必要在此，进学校的必要在此。因此后来人的知识多过前人。但要利用前人的经验，须多少实践一下，把书本所说话还原到事实去。没有抓到实事，那不过是空话，或者一种猜想。赵括善读父书，不会打仗，正是由于没还原到事实，停留在抽象道理上，只会说不会做。所以第二是做还原功夫，还到原来那种事实上去。

再以我的读书为例来说明以上的话。我没有读旧书"四书五经"，更没有看到《朱子集注》，《论语》上孔子自己说："吾十有五而志于学，三十而立，四十而不惑，五十而知天命，六十而耳顺，七十而从心所欲，不逾矩。"前人皆于此其解释，因为你并不知道孔子说话的内容事实，孔子当他三十岁时还不知道他四十岁的事情，当四十岁时不知道他五十岁的事，六十七十皆如此。你不是孔子，又没有六七十岁，你何能知道？你不过从字面上去猜想，这不行。那么，是否我们完全不知道这章书所说的是什么呢？也还可以知道这一点。那就是孔子所志之学不是物理化学，不是植物学动物学，乃至一切科学都不是，也非政治经济学或其他社会科学，亦不是哲学、文学、史学……所有今天大学里各门学科都不是，而是他自己生命上生活上一种学问，自少年时代以至老年有所进步。孔子的学问是人生生活之学。此可以孔子称赞他最好的学生的话来作证明。"有颜回者好学，不迁怒，不贰过，今也则亡。"何谓"不迁怒，不贰过"？前人都加讲解，其实都猜想得不对。不过我们知道他所好的学问不是别的学问，而是孔子到老所致力的那种人生生活之学（此可以产生哲学，但非即哲学）。以上说明读书要做还原功夫，就是还归到事实上，不要停留在名词概念上。

可惜我读书不总是十分认真的；有时候不够认真。过去对于马克思主义的书就没有认真读它。马克思学说传入中国，主要在莫斯科一声炮响之后，即在"五四"运动时期。那时介绍它的是陈独秀，传播它的是北京大学。毛主席也是在那时候接触到马克思主义的，我那时正在北大。不是没有看过马克思主义的书，特别是到1927年前后即国共合作，国民革命军北伐，马克思主义在思想界势力很大。我是一个抱着中国问题求答案的人。怎能不注意呢？这里正好附带声明一句：我从来不是为求学问当一个学者而读书。只为自己有两大问题在逼迫我，才找书来看的，看书是为解答自己的问题。自己的问题除了一个人生问题引我进入哲学之门外，中国的衰弱快灭亡则引我去留心政治经济这一类社会科学各书。这样亦就不知不觉学得一些这方面的知识，仍然常带着问题学的。例如当时有康梁的立宪派，有孙黄的革命派，我开头就是留心两派的言论，再引入去看比较专门的政治经济学的书。我也有共产党的朋友如李大钊。虽然当时马克思主义的书还不多，翻译的不够好，但由于我不重视它，粗心大意地以为它不适合于中国之用。当时恰好马氏学说中又有"亚细亚生产方式"一说法，把东方社会的发展史另眼看待。再加以1928 年后连续几年的中国社会史论战，到今天也还不能把中国秦汉以后的中国社会性质搞清楚，这些都是我对马学不深求的结果。特别当毛主席出人意外地发展了马克思主义——农村包围城市，他不是根据书本，不是从教条公式出发而是活学活用，才是真是善于读书，即读书认真而成功的。古人说："尽信书不如无书。"

因此，认真读书的第三条就是领会书中的意思而活用于解决实际问题上，如列宁所再三说的"马克思主义是行动的指南"。（同见于斯大林"语言学"一书末尾的话）

沈从文：

人生实在是一本书

论穆时英

　　一切作品皆应植根在"人事"上面。一切伟大作品皆必然贴近血肉人生。作品安排重在"与人相近"，运用文字重在"尽其德性"。一个能处置故事于人性谐调上且能尽文字德性的作者，作品容易具普遍性与永久性，那是很明显的。略举一例：鲁迅、冰心、叶绍钧、废名，一部分作品即可作证。能尽文字德性的作者，必懂文字，理会文字；因之不过分吝啬文字，也不过分挥霍文字。"用得其当"，实为作者所共守的金言。吾人对于这种知识，别名"技巧"。技巧必有所附丽，方成艺术；偏重技巧，难免空洞。技巧逾量，自然转入邪僻：骈体与八股文，近于空洞文字。废名后期作品，穆时英大部分作品，近于邪僻文字。虽一则属隐士风，极端吝啬文字，邻于玄虚；一则属都市趣味，无节制的浪费文字。两相比较，大有差别，若言邪僻，则二而一。前一作者得失当另论。后者所长在创新句，新腔，新境，短处在做作，时时见出装模作样的做作。作品于人生隔一层。在凑巧中间或能发现一个短篇速写，味道很新，很美，多数作品却如博览会的临时牌楼，照相馆的布幕，冥器店的纸扎人马车船。一眼望去，也许觉得这些东西比真的还热闹，还华美，但过细检查一下，便知道原来全是假的，东西完全不结实，不牢靠。铺叙越广字数越多的作品，也更容易见出它的空洞，它的浮薄：

读过穆时英先生的近作，"假艺术"是什么？从那作品上便发生"仿佛如此"的感觉。作者是聪明人，虽组织故事综合故事的能力，不甚高明，惟平面描绘有本领，文字排比从《圣经》取法，轻柔而富于弹性，在一枝一节上，是懂得艺术中所谓技巧的。作者不只努力制造文字，还想制造人事，因此作品近于传奇；（作品以都市男女为主题，可说是海上传奇。）作者适宜于写画报上作品，写装饰杂志作品，写妇女电影游戏刊物作品。"都市"成就了作者，同时也就限制了作者。企图作者那枝笔去接触这个大千世界，掠取光与色，刻画骨与肉，已无希望可言。

作者最近在良友公司出版一本短篇小说，名《圣处女的感情》，这些作品若登载上述各刊物里，前有明星照片，后有"恋爱秘密"译文，中有插图，可说是目前那些刊物中标准优秀作品。可惜一印成书，缺少那个环境，读者便无福分享受作者所创造的空气了。

《圣处女的感情》包含九个创作小说，或写教堂贞女（如《圣处女的感情》），或写国际间谍（如《某夫人》），或写舞女，或写超人，或写书生经营商业（如《烟》），或写文士命运，或写少女多角恋爱，这个不成，那个不妥。或写女匪如何与警卒大战，机关枪乱打一气，到后方一同被捉。《圣处女的感情》写得还好（似有人讨论过这文章来源发生问题）。《某夫人》如侦探小说，变动快，文字分量分配剪裁皆极得法。《贫士日记》则杂凑而成，要不得。《五月》特具穆时英风，铺排不俗。还有一篇《红色女猎神》，前半与其本人其他作品相差不多，男女凑巧相遇，各自说出一点漂亮话，到后却乱打一场，直从电影故事取材，场面好像惊人，情形却十分可笑。

作者所涉笔的人事虽极广，作者对"人生"所具有的知识极窄。对于所谓都市男女的爱憎，了解得也并不怎么深。对于恋爱，在各种形式下的恋爱，无理解力，无描写力。作者所长，只能使用那么一套轻飘飘的浮而不实文字任兴涂抹。在《五月》一文某节里，作者那么写着：

他是鸟里的鸽子，兽里的兔子，家具里的矮坐凳，食物里的嫩烩鸡，……

这是作者所描写的另一个男子，同时也就正可移来转赞作者。作者是先把自己作品当作玩物，当作小吃，然后给人那么一种不端庄，不严肃的印象的。

统观作者前后作品，便可知作者的笔实停滞在原有地位上，几年来并不稍稍进步。因年来电影杂志同画报成为作者作品的尾闾[①]，作者的作品，自然还有向主顾定货出货的趋势。照这样下去，作者的将来发展，宜于善用所长，从事电影工作，若机缘不坏，可希望成一极有成就的导演。至于文学方面，若文学永远同电影相差一间，作者即或再努力下去，也似乎不会产生何种惊人好成绩了。

---

① 尾闾，古传说中海水所归之处。——著者注

论郭沫若

郭沫若。这是一个熟人，仿佛差不多所有年青中学生大学生皆不缺少认识的机会。对于这个人的作品，读得很多，且对于这作者致生特别兴趣，这样在读者也一定有的。

从"五四"以来，十年左右，以那大量的生产，翻译与创作，在创作中诗与戏曲，与散文，与小说，几几乎皆玩一角，而且玩得不坏，这力量的强（从成绩上看），以及那词藻的美，是在我们较后一点的人看来觉得是伟大的。若是我们把每一个在前面走路的人，皆应加以相当的敬仰，这个人我们不能作为例外。

这里有人可以用"空虚"或"空洞"，用作批评郭著一切。把这样字句加在上面，附以解释，就是"缺少内含的力"。这个适宜于做新时代的诗，而不适于作文，因为诗可以华丽表夸张的情绪，小说则注重准确。这个话是某教授的话。这批评是中肯的，在那上面，从作品全部去看，我们将仍然是那样说的。郭沫若可以说是一个诗人，而那情绪，是诗的。这情绪是热的，是动的，是反抗的，……但是，创作是失败了。因为在创作一名词上，到这时节，我们还有权利要一点另外东西。

诗可以从华丽找到唯美的结论，因为诗的灵魂是词藻。缺少美，不成诗。郭沫若是熟习而且能够运用中国文言的华丽，把诗写好的，他有消化旧有词藻的力量，虽然我们仍然在他诗上找得出旧的点线。但在初期，那故意反抗，那用生活压迫作为反抗基础而起的向上性与破坏性，使我们总不会忘记这是"一个天真的呼喊"。即或也有"血"，也有"泪"，也有自承的"我是××主义者"，还是天真。因为他那时，对社会所认识，是并不能使他向那伟大一个方向迈步的。创造社的基调是稿件压迫与生活压迫，所以所谓意识这东西，在当时，几个人深切感到的，并不出本身冤屈以外。若是冤屈，那倒好办，稿件有了出路，各人有了啖饭的地方，天才熄灭了。看看创造社①另外几个人，我们可以明白这估计不为过分。

但郭沫若是有与张资平成仿吾②两样的。他虽然在他那初期创作中对生活喊冤，在最近《我的幼年》《反正前后》两书发端里，也仍然还是不缺少一种怀才不遇的牢骚，但他谨慎了。他小心的又小心，在创作里，把自己位置到一个比较强硬一点模型里，虽说这是自叙，其实这是创作。在创作中我们是有允许一种为完成艺术而说出的谎骗的。我们不应当要求那实际的种种，所以在这作品中缺少真实不是一

---

① 创造社"五四"新文学运动中著名文学团体。主要成员有郭沫若、郁达夫、成仿吾等。——编者注

② 成仿吾，现代作家、文艺理论家。——编者注

种劣点。我们要问的是他是不是已经用他那笔，在所谓小说一个名词下，为我们描下了几张有价值的时代缩图没有？（在鲁迅先生一方面，我们是都相信那中年人，凭了那一副世故而冷静的头脑，把所见到感到的，仿佛毫不为难那么最准确画了一个共通的人脸，这脸不像你也不像我，而你我，在这脸上又各可以寻出一点远宗的神气，一个鼻子，一双眉毛，或者一个动作的。）郭沫若没有这本事。他长处不是这样的。他沉默的努力，永不放弃那英雄主义者的雄强自信，他看准了时代的变，知道这变中怎么样可以把自己放在时代前面，他就这样做。他在那不拒绝新的时代一点上，与在较先一时代中称为我们青年人做了许多事情的梁任公先生很有相近的地方。都是"吸收新思潮而不伤食"的一个人，可佩服处也就只是这一点。若在创作方面，给了年青人以好的感想，它那同情的线是为"思想"而牵，不是为"艺术"而牵的。在艺术上的估价，郭沫若小说并不比目下许多年青人小说更完全更好。一个随手可拾的小例，是曾经在创造社羽翼下成长的叶灵凤[①]的创作，就很像有高那大将一筹的作品在。

他不会节制。他的笔奔放到不能节制。这个天生的性格在好的一个意义上说是很容易产生那巨伟的著作。做诗，有不羁的笔，能运用旧的词藻与能消化新的词藻，可以做一首动人的诗。但这个如今却成就了他做诗人，而累及了创作成就。不能节制的结果是废话。废话在诗中或能容许，在创作中成了一个不可救药的损失。他那长处恰恰与短处两抵，所以看他的小说，在文字上我们得不到什么东西。

废话是热情，而废话很有机会成为琐碎。多废话与观察详细并不

133

---

① 叶灵凤，现代作家、画家，曾是创造社成员。——编者注

是一件事。郭沫若对于观察这两个字，是从不注意到的。他的笔是一直写下来的。画直线的笔，不缺少线条刚劲的美。不缺少力。但他不能把那笔用到恰当一件事上。描画与比譬，夸张失败处与老舍君并不两样。他详细的写，却不正确的写。词藻帮助了他诗的魄力，累及了文章的亲切。在亲切一点上，我们可以找出一个对比，是在任何时翻呀著呀都只能用那朴讷无华的文体写作的周作人先生，他才是我所说的不在文学上糟蹋才气的人。我们随便看看《我的幼年》上……那描写，那糟蹋文字处，使我们对于作者真感到一种浪费的不吝惜的小小不平。凡是他形容的地方都有那种失败处。凡是对这个不发生坏感的只是一些中学生。一个对于艺术最小限度还承认它是"用有节制的文字表现一个所要表现的目的"的人，对这个挥霍是应当吃惊的。

在短篇的作品上，则并不因篇幅的短，便把那不恰当的描写减去其长。

在国内作者中，文字的挥霍使作品失去完全的，另外是茅盾[①]。然而茅盾的文章，较之郭沫若还要较好一点的。

这又应当说到创造社了。创造社对于文字的缺乏理解是普遍的一种事。那原因，委之于训练的缺乏，不如委之于趣味的养成。初初在日本以上海作根据地而猛烈发展着的创造社组合，是感情的组合，是站在被本阶级遗弃而奋起作着一种复仇雪耻的组合。成仿吾雄纠纠的最地道的湖南人恶骂，以及同样雄纠纠的郭沫若新诗，皆在一种英雄气度下成为一时代注目东西了。按其实际，加以分析，则英雄最不平处，在当时是并不向前的。《新潮》[②]一辈人讲人道主义，翻托尔斯泰，

---

① 茅盾，现代作家，文学研究会发起人之一，后为"左联"领导成员。——编者注

② 《新潮》，综合月刊，"五四"新文化运动初期重要刊物之一。——编者注

做平民阶级苦闷的描写（如汪敬熙、陈大悲①辈小说皆是），创造后出，每个人莫不在英雄主义的态度下，以自己生活作题材加以冤屈的喊叫。到现在，我们说创造社所有的功绩，是帮我们提出一个喊叫本身苦闷的新派，是告我们喊叫方法的一位前辈，因喊叫而成就到今日样子，话好像稍稍失了敬意，却并不为夸张过分的。他们缺少理智，不用理智，才能从一点伟大的自信中，为我们中国文学史走了一条新路，而现在，所谓普罗文学②，也仍然得感谢这团体的转贩，给一点年青人向前所需要的粮食。在作品上，也因缺少理智，在所损失的正面，是从一二自命普罗作家的作品看来，给了敌对或异己一方面一个绝好揶揄的机缘，从另一面看，是这些人不适于作那伟大运动，缺少比向前更需要认真的一点平凡的顽固的力。

使时代向前，各在方便中尽力，或推之，或挽之，是一时代年青人，以及同情于年青人幸福的一切人的事情。是不嫌人多而以群力推挽的一件艰难事情。在普遍认识下，还有两种切身问题，是"英雄"、"天才"气分之不适宜，与工具之不可缺。革命是需要忠实的同伴而不需要主人上司的。革命文学，使文学如何注入新情绪，攻人旧脑壳，凡是艺术上的手段是不能不讲的。在文学手段上，我们感觉到郭沫若有缺陷在。他那文章适宜于一篇檄文，一个宣言，一通电，一点不适宜于小说。因为我们总不会忘记那所谓创作这样东西，又所谓诉之于大众这件事，在中国此时，还是仍然指的是大学生或中学生要的东西而言！对于旧的基础的动摇，我们是不应当忘记年青读书人是那候补

135

———————————

① 汪敬熙，现代小说家。陈大悲，现代剧作家。——编者注

② 普罗文学，普罗为普罗列塔利亚简称。法文 prolétariat，英文 proletariat 的音译，原指古罗马社会最低等阶级，后指无产阶级。普罗文学即无产阶级文学。——编者注

的柱石的。在年青人心上，注人那爆发的疯狂的药，这药是无论如何得包在一种甜而习惯于胃口那样东西里，才能送下口去。普罗文学的转入嘲弄，郭沫若也缺少纠正的气力。与其说《反正前后》销数不坏，便可为普罗文学张目，那不如说那个有闲阶级鲁迅为人欢迎，算是投了时代的脾气。有闲的鲁迅是用他的冷静的看与正确的写把握到大众的，在过去，是那样，在未来，也将仍然是那样。一个作者在一篇作品上能不糟蹋文字，同时是为无数读者珍惜头脑的一件事。

郭沫若，把创作当抒情诗写，成就并不坏。在《现代中国小说选》所选那一篇小品上，可以证实这作家的长处。《橄榄》一集，据说应当为郭全集代表，好的，也正是那与诗的方法相近的几篇。适于抒情诗描写而不适于写实派笔调，是这号称左线作家意外事。温柔处，忧郁处，即所以与时代融化为一的地方，郁达夫从这方面得了同情，时代对于郭沫若的同情与友谊，也仍然建筑在这上面。时代一转变，多病的郁达夫，仍因为衰弱孤独倦于应对，被人遗下了，这不合作便被谥为落伍。郭沫若以他政治生活培养到自己精神向前，但是，在茅盾抓着小资产阶级在转变中与时代纠缠成一团的情形，写了他的三部曲，以及另外许多作家，皆在各自所站下的一个地方，写了许多对新希望怀着勇敢的迎接，对旧制度抱着极端厌视与嘲弄作品的今日，郭沫若是只拿出两个回忆的故事给世人的。这书就是《我的幼年》同《反正前后》，想不到郭沫若有这样书印行，多数人以为这是书店方面的聪明印了这书。

《我的幼年》仿佛是不得已而发表，在自由的阔度下，我们不能说一个身在左侧的作者，无发表那类书的权利。因为几几乎凡是世界有名作者，到某一个时期在为世人仰慕而自己创作力又似乎缺少时，为那与"方便"绝不是两样理由的原故，总应当有一本这样书籍出世。自然从这书上，我们是可以相信那身在书店为一种职业而说话的批评者的意见，说这个书是可以看出一个时代的。一个职业批评家，他可以在这时说时代而在另一时再说艺术，我们读者是有权利要求那时代的描画，必须容纳到一个好风格里去的。我们还有理由加以选择，承认那用笔最少轮廓最真的是艺术。若是每个读者他知道一点文学什么是精粹的技术，什么是艺术上的赘疣，他对于郭沫若的《我的幼年》，是会感到一点不满的。书卖到那样贵，是市侩的事不与作者相关。不过作者难道不应当负一点小小责任，把文字节略一点么？

《反正前后》是同样在修辞上缺少可称赞的书，前面我曾说过。那不当的插话，那基于牢骚而加上的解释，能使一个有修养的读者中毒，发生反感。

第三十七页，四十二页，还有其他。有些地方，都是读者与一本完全著作相对时不会有的耗费。

全书告我们的，不是一时代应有的在不自觉中生存的愚暗自剖，或微醒张目，却仍然到处见出雄纠纠。这样写来使年青人肃然起敬的机会自然多了，但若把这个当成一个研究本人过去的资料时，使我们有些为难了。从沫若诗与全集中之前一部分加以检察，我们总愿意把作者位置在唯美派颓废派诗人之间，在这上面我们并不缺少敬意。可是《反正前后》暗示我们的是作者要作革命家，所以卢梭的自白那类以心相见的坦白文字，便不高兴动手了。

不平凡的人！那欲望，那奇怪的东西，在一个英雄脑中如何活动！

他是修辞家，文章造句家，每一章一句，并不忘记美与顺适，可

137

是永远记不到把空话除去。若果这因果，诚如《沉沦》作者[1]以及沫若另一时文里所说，那机会那只许在三块钱一千字一个限度内得到报酬的往日习惯，把文章的风格变成那样子，我们就应当原谅了。习惯是不容易改正的，正如上海一方面我们成天有机会在租界上碰头的作家一样，随天气阴晴换衣，随肚中虚实贩卖文学趣味，但文章写出来时，放在××，放在×××，或者甚至于四个字的新刊物上，说的话还是一种口音，那见解趣味，那不高明的照抄，也仍然处处是拙像蠢像。

让我们把郭沫若的名字位置在英雄上，诗人上，煽动者或任何名分上，加以尊敬与同情。小说方面他应当放弃了他那地位，因为那不是他发展天才的处所。一株棕树是不会在寒带地方发育长大的。

---

[1]　《沉沦》作者即郁达夫。——编者注

论徐志摩的诗

一九二三年顷，中国新文学运动有了新的展开，结束了初期文学运动关于枝节的纷争。创作的道德问题，诗歌的分行、用字，以及所含教训问题，皆得到了一时休息。凡为与过去一时代文学而战的事情，渐趋于冷静，作家与读者的兴味，转移到作品质量上面后，国内刊物风起，皆有沉默向前之势。创造社以感情的结合，作冤屈的申诉，特张一军，作由文学革命而衍化产生的文学研究会团体，取对立姿式，《小说月报》与《创造》，乃支配了国内一般青年人文学兴味。以彻头彻尾浪漫主义倾向相号召的创造社同人，对文学研究会作猛烈袭击。在批评方面，所熟习的名字，是成仿吾。在创作方面，张资平贡献给读者的是若干恋爱故事；郁达夫用一种崭新的形式，将作品注入颓废的病的情感，嵌进每一个年青人心中后，使年青人皆感到一种同情的动摇。在诗，则有郭沫若，以英雄的、原始的夸张情绪，写成了他的

《女神》。

在北方，由胡适之、陈独秀等所领导的思想与文学革命运动，呈了分歧，《向导》与《努力》[①]，各异其趣，且因时代略呈向前跃进样子，"文学运动"在昨日所引起的纠纷，已得到了解决。新的文学由新的兴味所拥护，渐脱离理论，接近实际，独向新的标准努力。文学估价又因为有创造社的另一运动，提出较宽泛的要求后，注意的中心，便归到《小说月报》与《创造》月季刊方面了。另外，由于每日的刊行，以及历史原因，且所在地方，又为北京，由孙伏园所主编的《晨报副刊》，其影响所及，似较之两定期刊物为大。

这时的诗歌，在北方，在保守着"五四"文学运动胡适之先生等所提出的诗歌各条件，是刘复、俞平伯、康自情诸人。使诗歌离开韵律，离开词藻，以散文新形式为译作试验，是周作人。以小诗捕捉一个印象，说明一个观念，以小诗抒情，以小诗显出聪明睿知对于人生的解释，同时因作品中不缺少女性的优美、细腻、明慧，以及其对自然的爱好，冰心女士的小诗，为人所注意、鉴赏、模仿，呈前此未有的情形。由于《小说月报》的介绍，朱自清与徐玉诺的作品，也各以较新组织、较新要求写作诗歌，常常见到。王统照则在其自编的文学周刊（附于《晨报》），有他的对人生与爱，作一朦胧体念朦胧说明的诗歌。创造社除郭沫若外，有邓均吾的诗，为人所知。另外较为人注意的，是天津的文学社同人，与上海的浅草社同人。在诗歌方面，焦菊隐、林如稷，是两个不甚陌生的名字。

文学运动已告了一个结束，照着当时的要求，新的胜利是已如一

[①] 《向导》中共最早机关报，先后由蔡和森、彭述之、瞿秋白主编。《努力》即《努力周报》，1922 年在北京创刊，胡适主编。——著者注

般所期望，为诸人所得到了的。另一时，为海派文学所醉心的青年，已经成为新的鉴赏者与同情者了。为了新的风格新的表现渐为年青人所习惯，由《尝试集》所引起的争论，从新的作品上再无从发生。基于新的要求，徐志摩以他特殊风格的新诗与散文，发表于《小说月报》。同时，使散文与诗，由一个新的手段，作成一种结合，也是这个人。（使诗还元朴素，为胡适。从还元的诗抽除关于成立诗的韵节，成完全如散文的作品为周作人。）使散文具诗的精灵，融化美与丑劣句子，使想象徘徊于星光与污泥之间，同时，属于诗所专有，而又为当时新诗所缺乏的音乐韵律的流动，加入于散文内，徐志摩的试验，由新月印行之散文集《巴黎鳞爪》，以及北新印行之《落叶》，实有惊人的成就。到近来试检察作者唯一创作集《轮盘》，其文字风格，便具一切诗的气分。文字中糅合有诗的灵魂，华丽与流畅，在中国，作者散文所达到的高点，一般作者中，是还无一个人能与并肩的。

作者在散文方面，给读者保留的印象，是华丽与奢侈的眩目。在诗歌，则加上了韵的和谐与完整。

在《志摩的诗》一集中，代表到作者作品所显示的特殊的一面，如《灰色的人生》下面的一列句子：

我想——我想放宽我的宽阔的粗暴的嗓音，唱一支野蛮的大胆的骇人的新歌。

我想拉破我的袍服，我的整齐的袍服，露出我的胸膛，肚腹，肋骨与筋络。

我想放散我一头的长发……

……

我要调谐我的嗓音，傲慢的，粗暴的，唱一阕荒唐的，摧残的，弥漫的歌调。

……

我一把揪住了西北风，问他要落叶的颜色。

我一把……

……

来，我邀你们到海边去，听风涛震撼太空的声调。

……

来，我邀你们到民间去，听衰老的，病痛的，贫苦的，残毁的，……和着深秋的风声与雨声，——合唱"灰色的人生"！

又如《毒药》写着那样粗犷的言语——

今天不是我的歌唱的日子，我口边涎着狞恶的微笑；不是我说美的日子，……

相信我，我的思想是恶毒的，因为这世界是恶毒的；

我的灵魂是黑暗的，因为太阳已经灭绝了光彩；我的声调是像坟堆的夜鸮，因为……

……

在人道恶浊的涧水里流着，浮荇似的，五具残缺的尸体，他们是仁义礼智信，向着时间无尽的海澜里流去。

这海是一个不安静的海，……在每个浪头的小白帽上分明的写着人欲与兽性。

到处是奸淫的现象：贪心搂抱着正义，猜忌逼迫着同情，懦怯狎亵着勇敢，肉欲侮弄着恋爱，暴力侵凌着人道，黑暗践踏着光明。

……

一种奢侈的想象，挖掘出心的深处的苦闷，一种恣纵的，热情的，力的奔驰，作者的诗，最先与读者的友谊，是成立于这样篇章中的。这些诗并不完全说明到作者诗歌成就的高点，这类诗只显示作者的一面，是青年的血，如何为百事所燃烧。不安定的灵魂，在寻觅中，追究中，失望中，如何起着吓人的翻腾。爱情，道德，人生，各样名词以及属于这名词的虚伪与实质，为初入世的眼所见到，为初入世的灵魂所感触，如何使作者激动。作者这类诗，只说明了一个现象，便是新的一切，使诗人如何惊讶愤怒的姿态。与这诗同类的还有一首《白旗》，那激动的热情，疯狂的叫号，略与前者小同。这里若以一个诗的最高目的，是"以温柔悦耳的音节，优美繁丽的文字，作为真理的启示与爱情的低诉"。作者这类诗，并不是完全无疵的好诗。另外有一个《无题》，则由苦闷、昏瞀，回复了清明的理性，如暴风雨的过去，太空明朗的月色，虫声与水声的合奏，以一种勇敢的说明，作为鞭策与鼓励，使自己向那"最高峰"走去。这里"最高峰"，作者所指的意义，是应当从第二个集子找寻那说明的。凡是《志摩的诗》一集中，所表现作者的欲望焦躁，以及意识的恐怖，畏葸，苦痛，在作者次一集中，有说明那"跋涉的酬劳"自白存在。

在《志摩的诗》中另外一倾向上，如《雪花的快乐》：

假如我是一朵雪花，

翩翩的在半空里潇洒，

143

我一定认清我的方向——
飞扬，飞扬，飞扬，——
这地面上有我的方向。

不去那冷寞的幽谷，
不去那凄清的山麓，
也不上荒街去惆怅——
飞扬，飞扬，飞扬，——
你看，我有我的方向！

在半空里娟娟的飞舞，
认明了那清幽的住处，
等着她来花园里探望——
飞扬，飞扬，飞扬，——
啊，她身上有朱砂梅的清香！

那时我凭藉我的身轻，
盈盈的，沾住了她的衣襟，
贴近她柔波似的心胸——
消溶，消溶，消溶，——
溶入了她柔波似的心胸！

　　这里是作者为爱所煎熬，略返凝静，所作的低诉。柔软的调子中
交织着热情，得到一种近于神奇的完美。

使一个爱欲的幻想，容纳到柔和轻盈的节奏中，写成了这样优美的诗，是同时一般诗人所没有的。在同样风格中，带着一点儿虚弱，一点儿忧郁，一点病，有《在那山道旁》一诗。使作者的笔，转入到一个纯诗人的视觉触觉所领会到的自然方面去，以一种丰富的想象，为一片光色，一朵野花，一株野草，付以诗人所予的生命，如《石虎胡同七号》，如《残诗》，如《常州天宁寺闻礼忏声》，皆显示到作者性灵的光辉。正以排列组织的最高手段，琐碎与反复，乃完全成为必须的旋律，也是作者这一类散文的诗歌。在《多谢天！我的心又一度的跳荡》一诗中，则作者的文字，简直成为一条光明的小河了。

"星海里的光彩，大千世界的音籁，真生命的洪流，"作者文字的光芒，正如在《常州天宁寺闻礼忏声》一诗中所说及。以洪流的生命，作无往不及的悬注，文字游泳在星光里，永远流动不息，与一切音籁的综合，乃成为自然的音乐。一切的动，一切的静，青天，白水，一声佛号，一声钟，冲突与和谐，庄严与悲惨，作者是无不以一颗青春的心，去鉴赏、感受而加以微带矜持的注意去说明的。

作者以珠玉的散文，为爱欲，以及为基于爱欲启示于诗人的火焰热情，在以《翡冷翠的一夜》名篇的一诗中，写得最好。作者在平时，是以所谓"善于写作情诗"而为人所知的，从《翡冷翠的一夜》诗中看去，"热情的贪婪"这名词以之称呼作者，并不为过甚其词。《再休怪我脸沉》，在这诗中，便代表了作者整个的创作重心，同时，在这诗上，也可看到作者所长，是以爱欲为题，所有联想，如何展开，如光明中的羽翅飞向一切人间。在这诗中以及《翡冷翠的一夜》其他篇章中，是一种热情在恣肆中的喘息。是一种豪放的呐喊，为爱的喜悦而起的呐喊。是清歌，歌唱一切爱的完美。作者由于生活一面的完全，使炽热的心，到另一时，失去了纷乱的机会，反回沉静以后，便只能在那较沉静生活中，为所经验的人生，作若干素描。因此作者第二个集子中，有极多诗所描画的却只是爱情的一点感想。俨然一个自然诗人的感情，去对于所已习惯认识分明的爱，作诚虔的歌唱，是第二个集子中的特点。因为缺少使作者焦躁的种种，忧郁气分在作者第二个集子中也没有了。

因此有人评这集子为"情欲的诗歌"，具"烂熟颓废气息"。然而作者使方向转到爱情以外，如《西伯利亚》一诗，那种融合纤细与粗犷成一片锦绣的组织，仍然是极好的诗。又如《西伯利亚遭中忆西湖秋雪庵芦色作歌》，那种和谐，那种离去爱情的琐碎与亵渎，但孤独的抑郁的抽出乡情系恋的丝，从容的又复略近于女性的明朗抒情调子，美丽而庄严，是较之作者先一时期所提及《在那山道旁》一类诗有更多动人处的。

在作者第二集子中，为人所爱读，同时也为作者所深喜的，是一首名为《海韵》的长歌：

"女郎，单身的女郎，

你为什么留恋

这黄昏的海边？——

女郎，回家吧，女郎！"

"阿不，回家我不回，

我爱这晚风吹。"——

在沙滩上，在暮霭里，

有一个散发的女郎——

徘徊，徘徊。

"女郎，散发的女郎，
你为什么彷徨
在这冷清的海上？
女郎，回家吧，女郎！"
"阿不，你听我唱歌，
大海，我唱，你来和。"——
在星光下，在凉风里，
轻荡着少女的清音——
高吟，低哦。

"女郎，胆大的女郎！
那天边扯起了黑幕，
这顷刻间有恶风波，——
女郎，回家吧，女郎！"
"阿不，你看我凌空舞，
学一个海鸥没海波。"——
在夜色里，在沙滩上，
急旋着一个苗条的身影，——
婆娑，婆娑。

"听呀，那大海的震怒，
女郎，回家吧，女郎！

看呀，那猛兽似的海波，

女郎，回家吧，女郎！"

"阿不，海波他不来吞我，

我爱这大海的颠簸！"

在潮声里，在波光里，

阿，一个慌张的少女在海沫里，

蹉跎，蹉跎。

"女郎，在哪里，女郎？

在哪里，你嘹亮的歌声？

在哪里，你窈窕的身影？

在哪里，阿，勇敢的女郎？"

黑夜吞没了星辉，

这海边再没有光芒；

海潮吞没了沙滩，

沙滩上再不见女郎——

再不见女郎！

以这类诗歌，使作者作品，带着淡淡的哀戚，挽入读者的灵魂，除《海韵》以外，尚有一风格略有不同名为《苏苏》的一诗：

苏苏是一个痴心的女子：

像一朵野蔷薇，她的丰姿；

像一朵野蔷薇，她的丰姿——

来一阵暴风雨，摧残了她的身世。

这荒草地里有她的墓碑，

淹没在蔓草里，她的伤悲；

淹没在蔓草里，她的伤悲——

啊，这荒土里化生了血染的蔷薇！

那蔷薇……

在清早上受清露的滋润，

到黄昏时有晚风来温存，

要有那长夜的慰安，看星斗纵横。

……

关于这一类诗，朱湘《草莽集》中有相似篇章。在朱湘作《志摩的诗评》时，对于这类诗是加以赞美的。如《大帅》、《人变兽》、《叫化活该》、《太平景象》、《盖上几张油纸》等等，以社会平民生活的印象，作一度素描，或由对话的言语中，浮绘人生可悲悯的平凡的一面。在风格上，闻一多《死水》集中，常有极相近处。在这一方面，若诚如作者在第二个集子所自引的诗句那样：

我不想成仙，蓬莱不是我的分；我只要地面，情愿安分的做人。

则作者那样对另一种做人的描写，是较之对"自然"与"爱情"

的认识，为稍稍疏远了一点的。作者只愿"安分"做人，这安分，便是一个奢侈，与作者凝眸所见到的"人"是两样的。作者所要求的是心上波涛静止于爱的抚慰中。作者自己虽极自谦卑似的，说"自己不能成为诗人"，引用着熟人的一句话在那序上，但作者，却正因为到底是一个"诗人"，把人生的另一面，平凡中所隐藏的严肃，与苦闷，与愤怒，有了隔膜，不及一个曾经生活到那现在一般生活中的人了。钱杏邨，在他那略近于苛索的检讨文章上面，曾代表了另一意见有所述及，由作品追寻思想，为《志摩的诗》作者画了一个肖像。但由作者作品中的名为《自剖》中几段文字，追寻一切，疏忽了其他各方面，那画像却是不甚确切的。

作者所长是使一切诗的形式，使一切由文中不习惯的诗式，嵌入自己作品，皆能在试验中楔合无间。如《我来扬子江边买一把莲蓬》，如《客中》，如《决断》，如《苏苏》，如《西伯利亚》，如《翡冷翠的一夜》，都差不多在一种崭新的组织下，给读者以极大的感兴。

作者的小品，如一粒珠子，一片云，也各有他那完全的生命。如《沙扬娜拉》一首：

> 最是那一低头的温柔，
> 像一朵水莲花不胜凉风的娇羞；
> 道一声珍重，道一声珍重，
> 那一声珍重里有蜜甜的忧愁——
> 沙扬娜拉！

读者的"蜜甜的忧愁"，是读过这类诗时就可以得到的。如《在那山道旁》、《落叶小唱》，也使人有同类感觉。有人曾评作者的诗，说是多成就于音乐方面。与作者同时其他作者，如朱湘，如闻一多，用韵，节奏，皆不甚相远，诗中却缺少这微带病态的忧郁气分，使读者从《志摩的诗》作者作品中所得到的"蜜甜的忧愁"，是无从由朱湘、闻一多作品中得到的。

因为那所歌颂人类的爱，人生的爱，到近来，作者是在静止中凝眸，重新有所见，有所感。作者近日的诗，似乎取了新的形式，正有所写作，从近日出版之《新月》月刊所载小诗可以明白。

使作者诗歌与朱湘、闻一多等诗歌，于读者留下一个极深印象，且使诗的地位由忽视中转到它应有位置上去，为人所尊重，是作者在民十五年时代编辑《晨报副刊》时所发起之诗会与《诗刊》。在这周刊上，以及诗会的座中，有闻一多、朱湘、饶子离、刘梦苇、于赓虞、蹇先艾、朱大枬诸人及其作品。刘梦苇于十六年死去，于赓虞由于生活所影响，对于诗的态度不同，以绝望的、厌世的、烦乱的病废的情感，使诗的外形成为划一的整齐，使诗的内含又浸在萧森鬼气里去。对生存的厌倦，在任何诗篇上皆不使这态度转成欢悦，且同时表现近代人为现世所烦闷的种种，感到文字的不足，却使一切古典的文字，以及过去的东方人的惊讶与叹息与愤怒的符号，一律复活于诗歌中，也是于先生的诗。朱湘有一个《草莽集》，《草莽集》中所代表的"静"，是无人作品可及的。闻一多有《死水》集，刘梦苇有《白鹤集》……诗会中作者作品，是以各样不同姿态表现的，与《志摩的诗》完全相似，在当时并无一个人。在较新作者中，有邵洵美。邵洵美在那名为《花一般罪恶》的小小集子里，所表现的是一个近代人对爱欲微带夸张神情的颂歌。以一种几乎是野蛮的，直感的单纯，——同时又是最近代的颓废，成为诗的每一章的骨骸与灵魂，是邵洵美诗歌的特质。然而那充实一首诗外观的肌肉，使诗带着诱人的芬芳的词藻，使诗生着翅膀，从容飞入每一个读者心中去的韵律，邵洵美所做到的，去《翡冷翠的一夜》集中的完全，距离是很远很远的。

作者的诗歌，凡带着被抑制的欲望，作爱情的低诉，如《雪花的快乐》，在韵节中，较之以散文写作具复杂情感的如《翡冷翠的一夜》诸诗，易于为读者领会。

从冰心到废名

从作品风格上观察比较，徐志摩与鲁迅作品，表现的实在完全不同。虽同样情感黏附于人生现象上，都十分深切，其一给读者的印象，正如作者被人间万汇百物的动静感到眩目惊心，无物不美，无事不神，文字上因此反照出光彩陆离，如绮如锦，具有浓郁的色香，与不可抗的热（《巴黎的鳞爪》可以作例）。其一却好像凡事早已看透看准，文字因之清而冷，具剑戟气。不特对社会丑恶表示抗议时寒光闪闪，有投枪意味，中必透心。即属于抒抒个人情绪，徘徊个人生活上，亦如寒花秋叶，颜色萧疏（《野草》、《朝花夕拾》可以作例）。然而不同之中倒有一点相同，即情感黏附于人生现象上（对人间万事的现象），总像有"莫可奈何"之感，"求孤独"俨若即可得到对现象执缚的解放。徐志摩在《我所知道的康桥》、《天宁寺闻钟》、《北戴河海滨的幻想》、《瞑想》、《想飞》、《自剖》各文中，无不表现他这种"求孤独"的意愿。正如对"现世"有所退避，极力挣扎，虽然现世在他眼中依然如此美丽与神奇。这或者与他的实际生活有关，与他的恋爱及离婚又结婚有关。鲁迅在他的《朝花夕拾·小引》一文中，更表示对于静寂的需要与向往。必需"单独"，方有"自己"。热情的另一面本来就是如此向"过去"凝眸，与他在小说中表示的意识，二而一。正见出对现世退避的另一形式。

　　我常想在纷扰中寻出一点闲静来，然而委实不容易。目前是这么离奇，心里是这么芜杂。一个人做到只剩了回忆的时候，生涯大概总要算是无聊了吧，但有时竟会连回忆也没有。中国的做文章有轨范，世事也仍然是螺旋。前几天我离开中山大学的时候，便想起四个月以前的离开厦门大学；听到飞机在头上鸣叫，竟记得了一年前在北京城上日日旋绕的飞机。我那时还做了一篇短文，叫做《一觉》。现在是，连这"一觉"也没有了。

　　广州的天气热得真早，夕阳从西窗射入，逼得人只能勉强穿一件单衣。书桌上的一盆"水横枝"，是我先前没有见过的：就是一段树，只要浸在水中，枝叶便青葱得可爱。看看绿叶，编编旧稿，总算也在做一点事。做着这等事，真是虽生之日，犹死之年，很可以驱除炎热的。

　　前天，已将《野草》编定了；这回便轮到陆续载在《莽原》上的《旧事重提》，我还替他改了一个名称：《朝花夕拾》。带露折花，色香自然要好得多，但是我不能够。便是现在心目中的离奇和芜杂，我也还不能使他即刻幻化，转成离奇和芜杂的文章。或者，他日仰看流云时，会在我的眼前一闪烁吧。

　　我有一时，曾经屡次忆起儿时在故乡所吃的蔬果：菱角，罗汉豆，茭白，香瓜。凡这些，都是极其鲜美可口的；都曾是使我思乡的蛊惑。后来，我在久别之后尝到了，也不过如此；惟独在记忆上，还有旧来的意味留存。他们也许要哄骗我一生，使我时时反顾。

在《呐喊·自序》上起始就说：

　　我在年青时候也曾经做过许多梦，后来大半忘却了，但自己也并不以为可惜。所谓回忆者，虽说可以使人欢欣，有时也不免使人寂寞，使精神的丝缕还牵着已逝的寂寞的时光，又有什么意味呢，而我偏苦于不能全忘却，这不能全忘的一部分，到现在便成了《呐喊》的来由。

这种对"当前"起游离感或厌倦感，正形成两个作家作品特点之一部分。也正如许多作家，对"当前"缺少这种感觉，即形成另外一种特点。在新散文作家中，可举出冰心、朱佩弦、废名三个人作品，当作代表。

　　这三个作家，文字风格表现上，并无什么相同处。然而同样是用清丽素朴的文字抒情，对人生小小事情，一例俨然怀着母性似的温爱，从笔下流出时，虽方式不一，细心读者却可得到同一印象，即作品中无不对于"人间"有个柔和的笑影。少夸张，不像徐志摩对于生命与热情的讴歌；少愤激，不像鲁迅对社会人生的诅咒：

雨声渐渐的住了，窗帘后隐隐的透进清光来。推开窗户一看，呀！凉云散了，树叶上的残滴，映着月儿，好似萤光千点，闪闪烁烁的动着。——真没想到苦雨孤灯之后，会有这么一幅清美的图画！

凭窗站了一会儿，微微的觉得凉意侵人。转过身来，忽然眼花缭乱，屋子里的别的东西，都隐在光云里；一片幽辉，只浸着墙上画中的安琪儿——这白衣的安琪儿，抱着花儿，扬着翅儿，向着我微微的笑。

"这笑容仿佛在哪儿看见过似的，什么时候，我曾……"不知不觉的便坐在窗口下想——默默的想。

严闭的心幕，慢慢的拉开了，涌出五年前的一个印象——一条很长的古道。驴脚下的泥，兀自滑滑的。田沟里的水，潺潺的流着。近村的绿树，都笼在湿烟里。弓儿似的新月，挂在树梢、一边走着，似乎道旁有一个孩子，抱着一堆灿白的东西。驴儿过去了，无意中回头一看——他抱着花儿，赤着脚儿，向着我微微的笑。

"这笑容又仿佛是哪儿看见过似的！"我仍是想——默默的想。

又现出一重心幕来，也慢慢的拉开了，涌出十年前的一个印象——茅檐下的雨水，一滴一滴的落到衣上来。土阶边的水泡儿，泛来泛去的乱转。门前的麦陇和葡萄架子，都濯得新黄嫩绿的非常鲜丽。——一会儿好容易雨晴了，连忙走下坡儿去。迎头看见月儿从海面上来了，猛然记得有件东西忘下了，站住了，回过头来。这茅屋里的老妇人——她倚着门儿，抱着花儿，向着我微微的笑。

这同样微妙的神情，好似游丝一般，飘飘漾漾的合了拢来，绾在一起。

这时心下光明澄静，如登仙界，如归故乡。眼前浮现的三个笑容，一时融化在爱的调和里看不分明了。（冰心的《笑》）

水畔驰车，看斜阳在水上泼散出的闪烁的金光。晚风吹来，春衫嫌薄。这种生涯，是何等的宜于病后呵！

在这里，出游稍远便可看见水。曲折行来，道滑如拭。重重的树阴之外，不时倏忽的掩映着水光。我最爱的是玷池，称她为池真委曲了，她比小的湖还大呢！——有三四个小岛在水中央，上面随意地长着小树。池四围是丛林，绿意浓极。每日晚餐后我便出来游散。缓驰的车上，湖光中看遍了美人芳草！——真是"水边多丽人"。看三三两两成群携手的人儿，男孩子都去领卷袖，女孩子穿着颜色极明艳的夏衣，短发飘拂。轻柔的笑声，从水面，从晚风中传来，非常的浪漫而潇洒。到此猛忆及曾皙对孔子言志，在"暮春者"之后，"浴乎沂风乎舞雩"之前，加上一句"春服既成"，遂有无限的飘扬态度，真是千古隽语。

此外的如玄妙湖、侦池、角池等处，都是很秀丽的地方。大概湖的美处在"明媚"。水上的轻风，皱起万叠微波。湖畔再有芊芊的芳草，再有青青的树林，有平坦的道路，有曲折的白色栏杆，黄昏时便是天然的临眺乘凉的所在。湖上落日，更是绝妙的画图。夜中归去，长桥上两串徐徐互相往来

157

移动的灯星，颗颗含着凉意。若是明月中天，不必说，光景尤其移人了。

前几天游大西洋滨岸，沙滩上游人如蚁。或坐，或立，或弄潮为戏，大家都是穿着泅水衣服。沿岸两三里的游艺场，乐声飒飒，人声嘈杂。小孩子们都在铁马铁车上，也有空中旋转车，也有小飞艇，五光十色的。机关一动，都纷纷奔驰，高举凌空。我看那些小朋友们都很欢喜得意的。

这里成了"人海"。如蚁的游人，盖没了浪花。我觉得无味。我们掇转车来，直到娜罕去。

渐渐的静了下来。还在树林子里，我已迎到了冷意侵人的海风。再三四转，大海和岩石都横到了眼前！这是海的真面目呵。浩浩万里的蔚蓝无底的海涛，壮厉的海风，蓬蓬的吹来，带着腥咸的气味。在闻到腥咸的海味之时，我往往忆及童年拾卵石、贝壳的光景，而惊叹海之伟大。在我抱肩迎着吹人欲折的海风之时，才了解海之所以为海，全在乎这不可御的凛然的冷意！

在嶙峋的大海石之间，岩隙的树阴之下，我望着卵岩，也看见上面白色的灯塔。此时静极，只几处很精致的避暑别墅，悄然的立在断岩之上。悲壮的海风，穿过丛林，似乎在奏"天风海涛"之曲。支颐凝坐，想海波尽处，是群龙见首的欧洲；我和平的故乡，比这可望不可及的海天还遥远呢！

故乡没有明媚的湖光；故乡没有汪洋的大海；故乡没有葱绿的树林；故乡没有连阡的芳草。北京只是尘土飞扬的街道；泥泞的小胡同；灰色的城墙；流汗的人力车夫的奔走。

我的故乡，我的北京，是一无所有！

小朋友，我不是一个乐而忘返的人，此间纵是地上的乐园，我却仍是"在客"。我寄母亲信中曾说：

"……北京似乎是一无所有！——北京纵是一无所有，然已有了我的爱。有了我的爱，便是有了一切！灰色的城围里，住着我最宝爱的一切的人。飞扬的尘土呵，何容我再嗅着我故乡的香气……"

易卜生曾说过："海上的人，心潮往往如海波一般的起伏动荡"。而那一瞬间静坐在岩上的我的思想，比海波尤加一倍的起伏。海上的黄昏星已出，海风似在催我归去。归途中很怅惘。只是还买了一筐新从海里拾出的蛤蜊。当我和车边赤足捧筐的孩子问价时，他仰着通红的小脸笑向着我。他岂知我正默默的为他祝福，祝福他终身享乐此海上拾贝的生涯！（冰心的《寄小读者·通讯二十》）

从冰心作品中，文字组织处处可以发现"五四时代"文白杂糅的情形，词藻的运用也多由文言的习惯转变而来。不仅仅景物描写如此，便是用在对话上，同样不免如此。文字的基础完全建筑在活用的语言上，在散文作家中，应当数朱自清。"五四"以后谈及写美丽散文的，常把朱、俞并举，即朱自清、俞平伯。《桨声灯影里的秦淮河》与《西湖六月十八夜》两篇文章，代表当时抒情散文的最高点。叙事如画，似乎是当时一种风气。（有时或微觉得文字琐碎繁复）散文中具诗意或诗境，尤以朱先生作品成就为好，直到如今，尚称为典型的作风。至于在写作上有一种"自得其乐"的意味，一种对人生欣赏态度，

159

从俞平伯作品尤易看出。

对朱、俞的文章评论，钟敬文①以为朱文无周作人的隽永，无俞平伯的绵密，无徐志摩的艳丽，无谢冰心的飘逸，然而却另有一种真挚清幽的神态。有人说，朱、俞同样细腻，不同处在俞委婉，朱深秀。阿英以为朱文如"欢乐苦少忧患多"之感。

因此对现在感到"看花堪折直须折"情形，文字素朴而通俗，正与善说理的朱孟实②文字异曲同工。周作人则以为俞平伯文如嚼橄榄，味涩而有回甘，自成一家。

这几天心里颇不宁静。今晚在院子里坐着乘凉，忽然想起日日走过的荷塘，在这满月的光里，总该另有一番样子吧。月亮渐渐的升高了，墙外马路上孩子们的欢笑，已经听不见了；妻在屋里拍着闰儿，迷迷糊糊地哼着眠歌。我悄悄地披了大衫，带上门出去。

沿着荷塘，是一条曲折的小煤屑路。这是一条幽僻的路，白天也少人走，夜晚更加寂寞。荷塘四面，长着许多树，蓊蓊郁郁的。路的一旁，是些杨柳，和一些不知道名字的树。没有月光的晚上，这路上阴森森的，有些怕人。今晚却很好，虽然月光也还是淡淡的。

路上只我一个人，背着手踱着。这一片天地好像是我的，我也像超出了平常的自己，到了另一世界里。我爱热闹，也爱冷静；爱群居，也爱独处。像今晚上，一个人在这苍茫的

---

① 钟敬文，现代散文家、民俗学家。——编者注

② 朱孟实，即朱光潜。——编者注

月下，什么都可以想，什么都可以不想，便觉是个自由的人。白天里一定要做的事，一定要说的话，现在都可不理。这是独处的妙处；我且受用这无边的荷香月色好了。

曲曲折折的荷塘上面，弥望的是田田的叶子。叶子出水很高，像亭亭的舞女的裙。层层的叶子中间，零星的点缀着些白花，有袅娜地开着的，有羞涩地打着朵儿的；正如一粒粒的明珠，又如碧天里的星星，又如刚出浴的美人。微风过处，送来缕缕清香，仿佛远处高楼上渺茫的歌声似的。这时候叶子与花也有一丝的颤动，像闪电般，霎时传过荷塘的那边去了。叶子本是肩并肩密密地挨着，这便宛然有了一道凝碧的波痕。叶子底下是脉脉的流水，遮住了，不能见一些颜色；而叶子却更见风致了。

月光如流水一般，静静地泻在这一片叶子和花上。薄薄的青雾浮起在荷塘里。叶子和花仿佛在牛乳中洗过一样，又像笼著轻纱的梦。虽然是满月，天上却有一层淡淡的云，所以不能朗照；但我以为这恰是到了好处——酣眠固不可少，小睡也别有风味的。月光是隔了树照过来的，高处丛生的灌木，落下参差的斑驳的黑影，峭楞楞如鬼一般；弯弯的杨柳的稀疏的倩影，却又像是画在荷叶上。塘中的月色并不均匀，但光与影有着和谐的旋律，如梵婀玲上奏着的名曲。

荷塘的四面，远远近近，高高低低都是树，而杨柳最多。这些树将一片荷塘重重围住；只在小路一旁，漏着几段空隙，像是特为月光留下的。树色一例是阴阴的，乍看像一团烟雾；但杨柳的丰姿，便在烟雾里也辨得出。树梢上隐隐约约的是一带远山，只有些大意罢了。树缝里也漏着一两点路灯光，没精打采的，是渴睡人的眼。这时候最热闹的，要数树上的蝉声与水里的蛙声；但热闹是它们的，我什么也没有。

忽然想起采莲的事情来了。采莲是江南的旧俗，似乎很早就有，而六朝时为盛，从诗歌星可以约略知道。采莲的是少年的女子，她们是荡着小船，唱着艳歌去的。采莲人不用说很多，还有看采莲的人。那是一个热闹的季节，也是一个风流的季节。梁元帝《采莲赋》里说得好：

于是妖童媛女，荡舟心许；鹢首徐回，兼传羽杯；棹将移而藻挂，船欲动而萍开。尔其纤腰束素，迁延顾步；夏始春余，叶嫩花初，恐沾裳而浅笑，畏倾船而敛裾。

可见当时嬉游的光景了。这真是有趣的事，可惜我们现在早已无福消受了。

于是又记起《西洲曲》[①]里的句子：

采莲南塘秋，莲花过人头；低头弄莲子，莲子清如水。

今晚若有采莲人，这儿的莲花也算"过人头"了；只不见一些流水的影子，是不行的。这令我到底惦着江南了。——这样想着，猛一抬头，不觉已是自己的门前；轻轻地推门进去，什么声息也没有，妻已睡熟好久了。（朱自清的《荷塘月色》）

有人称之为"絮语"，周作人以为可代表一派。以抒情为主，大

---

① 《西洲曲》，乐府《杂曲歌辞》名，南朝无名氏作，为南朝乐府名篇。——著者注

方而自然，与明代小品相近。然知学可作代表如竟陵派，文章风格实于周作人出。周文可以看出廿年来社会的变，以及个人对于这变迁所有的感慨，贴住"人"。俞文看不出，只看出低徊于人事小境，与社会俨然脱节。

文章内容抒情成分多，文字多繁琐，有《西青散记》、《浮生六记》①风趣。

正如自己所说："有些人是做文章应世，有些人是做文章给自己玩。"俞平伯近于做给自己玩，在执笔心情上有自得其乐之意：

《儒林外史》上杜慎卿说："菜佣酒保都有六朝烟水气。"这每令我悠然神往于负着历史重载的石头城。虽然，南京也去过三两次，所谓烟花金粉的本地风光已大半销沉于无何有了。幸而后湖的新荷，台城的芜绿，秦淮的桨声灯影以及其余的，尚可仿佛悯忧地仰寻六代的流风遗韵。繁华虽随着年光云散烟消了，但它的薄痕倩影和与它曾相映发的湖山之美，毕竟留得几分，以新来游屐的因缘而隐跃跃悄沉沉地一页一页的重现了。至于说到人物的风流，我敢明证杜十七先生的话真是冤我们的——至少，今非昔比。他们的狡诈贪庸差不多和其他都市里的人合用过一个模子的，一点看不出什么叫做"六朝烟水气"。从煤渣里掏换出钻石，世间即有人会干；但决不是我，我失望了！

倒是这一次西泠桥上所见虽说不上什么"六代风流"，

163

---

① 《西青散记》，杂记，清史震林撰。《浮生六记》笔记，清沈复撰。——著者注

但总使人觉得身在江南。这天是四月三日的午前，天气很晴朗，我们携着姑苏，从我们那座小楼向岳坟走去。紫沙铺平的路上，鞋底擦擦的碎响着。略行几十步便转了一个弯。身上微觉燥热起来。坦坦平平的桥陂迤逦向北偏西，这是西泠了。桥顶，西石栏旁放着一担甘蔗，有刮了皮切成段的，也有未去青皮留整枝的。还有一只水碗，一把帚是备洒水用的。而最惹目的，担子旁不见挑担子的人，仅仅有一条小板凳，一个雅嫩的小女孩坐着。——卖甘蔗？

看她光景不过五六岁，脸皮黄黄儿的，脸盘圆圆儿的，莲松细发结垂着小辫。春深了，但她穿得"厚裹罗哆"的，一点没有衣架子，倒活像个老员外。淡蓝条子的布袄，青莲条子的坎肩，半新旧且很有些儿脏。下边还系着开裆裤呢。她端端正正的坐着。右手捏一节蔗根放在嘴边使劲地咬，咬下了一块仍然捏着——淋漓的蔗汁在手上想是怪黏的，左手执一枝尺许高，醉杨妃色的野桃，花开得有十分了。因为左手没得空，右手更不得劲，而蔗根的咀嚼把持愈觉其费力了。

你曾见野桃花吗？（想你没有不看见过的）它虽不是群芳中的华贵，但当芳年，也是一时之秀。花瓣如晕脂的靥，绿叶如插鬓的翠钗，绛须又如钗上的流苏坠子。可笑它一到小小的小女孩手中，便规规矩矩的，不敢卖弄妖冶，倒学会一种娇憨了。它真机灵了。

至她并执桃蔗，得何意境？蔗根可嚼，桃花何用呢？何处相逢？何时抛弃？……这些是我们所能揣知，所敢言说的吗？你只看她那翦水双瞳，不离不着，乍注即释，痴慧躁静了无所见，即证此感邻于浑然，断断容不得事少回旋奔放的。你我且安分些吧。

我们想走过去买根甘蔗，看地怎样做买卖。后一转念，这是心理学者在试验室中对付猴鼠的态度，岂是我们应当对她的吗？我们分明也携抱着个小孩呢。所以尽管姑苏的眼睛，巴巴地直盯着这一担甘蔗，我们到底哄了他，走下了桥。

在岳坟溜连了一荡，有半点来钟。时已近午，我们循原路回走，从西堍上桥，只见道旁有被抛掷的桃枝和一些零零星星的蔗屑。那个小女孩已过西泠南堍，傍孤山之阴，蹒跚地独自摸回家去。背影越远越小，我痴望着。……

走过一个八九岁的男孩——她的哥？——轻轻地把被掷的桃花又捡起来，耍了一回，带笑地喊："要不要？要不要？"其时作障的群青，成罗的一绿，都不肯言语了。他见没有应声，便随手一扬。一枝轻盈婀娜刚开到十分的桃花顿然飞堕于石阑干外。

我似醒了。正午骄阳下，峭峙着葱碧的孤山。妻和小孩早都已回家了。我也懒懒的自走回去。一路闲闲的听自己鞋底擦沙的声响，又闲闲的想："卖甘蔗的老吃甘蔗，一定要折本！孩子……孩子……"（俞平伯《西泠桥上卖甘蔗》）

165

"五四"以来，用叙事记形式有所写作，作品仍应当称之为抒情文，在初期作者中，有两个比较生疏的作家，两本比较冷落的集子，值得注意：一是用"川岛"作笔名写的《月夜》，一是用"落华生"作笔名写的《空山灵雨》。两个作品与冰心作品有相同处，多追忆印象；也有相异处，写的是男女爱。虽所写到的是人事，不重行为的爱，只重感觉的爱。主要的是在表现一种风格，一种境界。人或沉默而羞涩，心或透明如水。给纸上人物赋一个灵魂，也是人事哀乐得失，也是在哀乐得失之际的动静，然而与同时代一般作品，却相去多远！

继承这种传统，来从事写作，成就特别好，尤以记言记行，用俭朴文字，如白描法绘画人生，一点一角的人生，笔下明丽而不纤细，温暖而不粗俗，风格独具，应推废名。然而这种微带女性似的单调，或因所写对象，在读者生活上过于隔绝，因此正当"乡村文学"或"农民文学"成为一个动人口号时，废名作品却俨然在另外一个情形下产生存在，与读者不相通。虽然所写的还正是另一时另一处真正的乡村与农民，对读者说，究竟太生疏了。

周作人称废名作品有田园风，得自然真趣，文情相生，略近于所谓"道"。不黏不滞，不凝于物，不为自己所表现"事"或表现工具"字"所拘束限制，谓为新的散文一种新格式。《竹林故事》、《桥》、《枣》，有些短短篇章，写得实在很好。

傅雷：
读书不仅仅增加知识

论张爱玲的小说 [①]

在一个低气压的时代，水土特别不相宜的地方，谁也不存什么幻想，期待文艺园地里有奇花异卉探出头来。然而天下比较重要一些的事故，往往在你冷不防的时候出现。史家或社会学家，会用逻辑来证明，偶发的事故实在是酝酿已久的结果。但没有这种分析头脑的大众，总觉得世界上真有魔术棒似的东西在指挥着，每件新事故都像从天而降，教人无论悲喜都有些措手不及。张爱玲女士的作品给予读者的第一个印象，便有这情形。"这太突兀了，太像奇迹了"，除了这类不着边际的话以外，读者从没切实表示过意见。也许真是过于意外而怔住了。也许人总是胆怯的动物，在明确的舆论未成立以前，明哲的办法是含糊一下再说。但舆论还得大众去培植；而且文艺的长成，急需

[①] 本文系傅雷先生于一九四四年春撰写的评论张爱玲小说的文章，以笔名迅雨发表于《万象》一九四四年五月号。现选自《傅雷全集》第十七卷。——编者注

社会的批评，而非谨慎的或冷淡的缄默。是非好恶，不妨直说。说错了看错了，自有人指正。——无所谓尊严问题。

我们的作家一向对技巧抱着鄙夷的态度。五四以后，消耗了无数笔墨的是关于主义的论战。仿佛一有准确的意识就能立地成佛似的，区区艺术更是不成问题。其实，几条抽象的原则只能给大中学生应付会考。哪一种主义也好，倘没有深刻的人生观，真实的生活体验，迅速而犀利的观察，熟练的文字技能，活泼丰富的想象，绝不能产生一件像样的作品。而且这一切都得经过长期艰苦的训练。《战争与和平》的原稿修改过七遍：大家可只知道托尔斯泰是个多产的作家（仿佛多产便是滥造似的）。巴尔扎克一部小说前前后后的修改稿，要装订成十余巨册，像百科辞典般排成一长队。然而大家以为巴尔扎克写作时有债主逼着，定是匆匆忙忙赶起来的。忽视这样显著的历史教训，便是使我们许多作品流产的主因。

譬如，斗争是我们最感兴趣的题材。对，人生一切都是斗争。但第一是斗争的范围，过去并没包括全部人生。作家的对象，多半是外界的敌人：宗法社会，旧礼教，资本主义……可是人类最大的悲剧往往是内在的。外来的苦难，至少有客观的原因可得而诅咒、反抗、攻击；且还有赚取同情的机会。至于个人在情欲主宰之下所招致的祸害，非但失去了泄仇的目标，且更遭到"自作自受"一类的遣责。第二是斗争的表现。人的活动脱不了情欲的因素；斗争是活动的尖端，更是情欲的舞台。去掉了情欲，斗争便失掉活力。情欲而无深刻的勾勒，一样失掉它的活力，同时把作品变成了空的躯壳。

在此我并没意思铸造什么尺度，也不想清算过去的文坛；只是把已往的主要缺陷回顾一下，瞧瞧我们的新作家把它们填补了多少。

一、《金锁记》

由于上述的观点，我先讨论《金锁记》。它是一个最圆满肯定的答复。情欲（passion）的作用，很少像在这件作品里那么重要。

从表面看，曹七巧不过是遗老家庭里的一种牺牲品，没落的宗法社会里微末不足道的渣滓。但命运偏偏要教渣滓当续命汤，不但要做她儿女的母亲，还要做她媳妇的婆婆——把旁人的命运交在她手里。以一个小家碧玉而高举簪缨望族，门户的错配已经种下了悲剧的第一个远因。原来当残废公子的姨奶奶的角色，由于老太太一念之善（或一念之差），抬高了她的身份，做了正室；于是造成了她悲剧的第二个远因。在姜家的环境里，固然当姨奶奶也未必有好收场，但黄金欲不致被刺激得那么高涨，恋爱欲也就不致被抑压得那么厉害。她的心理变态，即使有，也不致病入膏肓，扯上那么多的人替她殉葬。然而最基本的悲剧因素还不在此。她是担当不起情欲的人，情欲在她心中偏偏来得嚣张。已经把一种情欲压倒了，才死心塌地来服侍病人，偏偏那情欲死灰复燃，要求它的那份权利。爱情在一个人身上不得满足，便需要三四个人的幸福与生命来抵偿。可怕的报复！

可怕的报复把她压瘪了。"儿子女儿恨毒了她"，至亲骨肉都给"她沉重的枷角劈杀了"，连她心爱的男人也跟她"仇人似的"；她的惨史写成故事时，也还得给不相干的群众义愤填胸地咒骂几句。悲剧变成了丑史，血泪变成了罪状：还有什么更悲惨的？

当七巧回想着早年当曹大姑娘时代，和肉店里的朝禄打情骂俏时，"一阵温风直扑到她脸上，腻滞的死去的肉体的气味……她皱紧了眉毛。床上睡着她的丈夫，那没有生命的肉体……"当年的肉腥虽然教她皱眉，究竟是美妙的憧憬，充满了希望。眼前的肉腥，却是刽子手刀上的气味。——这刽子手是谁？黄金。——黄金的情欲。为了黄金，她在焦灼期待，"啃不到"黄金的边的时代，嫉妒妯娌姑子，跟兄嫂闹架。为了黄金，她只能"低声"对小叔嚷着："我有什么地方不如人？我有什么地方不好？"为了黄金，她十年后甘心把最后一个满足爱情的希望吹肥皂泡似的吹破了。当季泽站在她面前，小声叫道："二嫂！……七巧！"接着诉说了（终于！）隐藏十年的爱以后：

> 七巧低着头，沐浴在光辉里，细细的音乐，细细的喜
> 悦……这些年了，她跟他捉迷藏似的，只是近不得身，原来
> 还有今天！

"沐浴在光辉里"，一生仅仅这一次，主角蒙受到神的恩宠。好似伦勃朗笔下的肖像，整个的人都沉没在阴暗里，只有脸上极小的一角沾着些光亮。即是这些少的光亮直透入我们的内心。

> 季泽立在她跟前，两手合在她扇子上，面颊贴在她扇子
> 上。他也老了十年了。然而人究竟还是那个人呵！他难道是
> 哄她吗？他想她的钱——她卖掉她的一生换来的几个钱？仅
> 仅这一念便使她暴怒起来了……

这一转念赛如一个闷雷，一片浓重的乌云，立刻掩盖了一刹那的光辉；"细细的音乐，细细的喜悦"，被暴风雨无情地扫荡了。雷雨过后，一切都已过去，一切都已晚了。"一滴，一滴……一更，二更……一年，一百年……"完了，永久地完了。剩下的只有无穷的悔恨。"她要在楼

上的窗户里再看他一眼。无论如何，她从前爱过他。她的爱给了她无穷的痛苦。单只这一点，就使她值得留恋。"留恋的对象消灭了，只有留恋往日的痛苦。就在一个出身低微的轻狂女子身上，爱情也不曾减少圣洁。

> 七巧眼前仿佛挂了冰冷的珍珠帘，一阵热风来了，把那帘紧紧贴在她脸上，风去了，又把帘子吸了回去，气还没透过来，风又来了，没头没脸包住她——一阵凉，一阵热，她只是淌着眼泪。

她的痛苦到了顶点（作品的美也到了顶点），可是没完。只换了方向，从心头沉到心底，越来越无名。愤懑变成尖刻的怨毒，莫名其妙地只想发泄，不择对象。她眯缝着眼望着儿子，"这些年来她的生命里只有这一个男人，只有他，她不怕他想她的钱——横竖钱都是他的。可是，因为他是她的儿子，他这一个人还抵不了半个……"多怆痛的呼声！"……现在，就连这半个人她也保留不住——他娶了亲。"于是儿子的幸福，媳妇的幸福，女儿的幸福，在她眼里全变作恶毒的嘲笑，好比公牛面前的红旗。歇斯底里变得比疯狂还可怕，因为"她还有一个疯子的审慎与机智"。凭了这，她把他们一齐断送了。这也不足为奇。炼狱的一端紧接着地狱，殉难者不肯忘记把最亲近的人带进去。

最初她把黄金锁住了爱情，结果却锁住了自己。爱情磨折了她一世和一家。她战败了，她是弱者。但因为是弱者，她就没有被同情的资格了吗？弱者做了情欲的俘虏，代情欲做了刽子手，我们便有理由恨她吗？作者不这么想。在上面所引的几段里，显然有作者深切的怜悯，唤引着读者的怜悯。还有："多少回了，为了要按捺她自己，她迸得全身的筋骨与牙根都酸楚了。""十八九岁做姑娘的时候……喜欢她的有……如果她挑中了他们之中的一个，往后日子久了，生了孩子，男人多少对她有点真心。七巧挪了挪头底下的荷叶边洋枕，凑上脸去揉擦一下，那一面的一滴眼泪，她也就懒怠去揩拭，由它挂在腮上，渐渐自己干了。"这些淡淡的朴素的句子，也许为粗忽的读者不会注意的，有如一阵温暖的微风，抚弄着七巧墓上的野草。

和主角的悲剧相比，几个配角的显然缓和多了。长安姐弟都不是有情欲的人。幸福的得失，对他们远没有对他们的母亲那么重要。长白尽往陷坑里沉，早已失去了知觉，也许从来就不曾有过知觉。长安有过两次快乐的日子，但都用"一个美丽而苍凉的手势"自愿舍弃了。便是这个手势使她的命运虽不像七巧的那样阴森可怕、影响深远，却令人觉得另一股惆怅与凄凉的滋味。Long，Long ago 的曲调所引起的无名悲哀，将永远留在读者心坎。结构，节奏，色彩，在这件作品里不用说有了最幸运的成就。特别值得一提的，还有下列几点：

第一是作者的心理分析，并不采用冗长的独白，或枯索烦琐的解剖，她利用暗示，把动作、言语、心理三者打成一片。七巧，季泽，长安，童世舫，芝寿，都没有专写他们内心的篇幅；但他们每一个举动，每一缕思维，每一段谈话，都反映出心理的进展。两次叔嫂调情的场面，不光是那种造型美显得动人，却还综合着含蓄、细腻、朴素、强烈、抑止、大胆，这许多似乎相反的优点。每句说话都是动作，每个动作都是说话。即在没有动作没有言语的场合，情绪的波动也不曾减弱分毫。例如，童世舫与长安订婚以后：

　　……两人并排在公园里走着，很少说话，眼角里带着一点对方的衣服与移动着的脚，女子的粉香，男子的淡巴菰气，这单纯而可爱的印象，便是他们的阑干，阑干把他们与大众隔开了。空旷的绿草地上，许多人跑着，笑着，谈着，可是他们走的是寂寂的绮丽的回廊——走不完的寂寂的回廊。不说话，长安并不感到任何缺陷。

还有什么描写，能表达这一对不调和的男女的调和呢？能写出这种微妙的心理呢？和七巧的爱情比照起来，这是平淡多了，恬静多了，正如散文、牧歌之于戏剧。两代的爱，两种的情调。相同的是温暖。

至于七巧磨折长安的几幕，以及最后在童世舫前毁谤女儿来离间他们的一段，对病态心理的刻画，更是令人"毛骨悚然"的精彩文章。

第二是作者的节略法（raccourci）的运用：

风从窗子里进来，对面挂着的回文雕漆长镜被吹得摇摇晃晃。磕托磕托敲着墙。七巧双手按住了镜子。镜子里反映着翠竹帘子和一幅金绿山水屏条依旧在风中来回荡漾着，望久了，便有一种晕船的感觉。再定睛看时，翠竹帘子已经褪色了，金绿山水换了张丈夫的遗像，镜子里的人也老了十年。

这是电影的手法：空间与时间，模模糊糊淡下去了，又隐隐约约浮上来了。巧妙的转调技术！

第三是作者的风格。这原是首先引起读者注意和赞美的部分。外表的美永远比内在的美容易发现。何况是那么色彩鲜明，收得住、泼得出的文章！新旧文字的糅合，新旧意境的交错，在本篇里正是恰到好处。仿佛这利落痛快的文字是天造地设的一般，老早摆在那里，预备来叙述这幕悲剧的。譬喻的巧妙，形象的入画，固是作者风格的特色，但在完成整个作品上，从没像在这篇里那样的尽其效用。例如，"三十年前的上海，一个有月亮的晚上……年轻的人想着三十年前的月亮，该是铜钱大的一个红黄的湿晕，像朵云轩信笺上落了一滴泪珠，陈旧而迷糊。老年人回忆中的三十年前的月亮是欢愉的，比眼前的月亮大、圆、白，然而隔着三十年的辛苦路往回看，再好的月色也不免带些凄凉。"这一段引子，不但月的描写是那么新颖，不但心理的观察那么深入，而且轻描淡写地呵成了一片苍凉的气氛，从开场起就罩住了全篇的故事人物。假如风格没有这综合的效果，也就失掉它的价值了。

毫无疑问，《金锁记》是张女士截至目前为止的最完满之作，颇有《猎人日记》中某些故事的风味。至少也该列为我们文坛最美的收获之一。没有《金锁记》，本文作者绝不在下文把《连环套》批评得那么严厉，而且根本也不会写这篇文字。

二、《倾城之恋》

一个"破落户"家的离婚女儿，被穷酸兄嫂的冷嘲热讽撵出母家，跟一个饱经世故、狡猾精刮的老留学生谈恋爱。正要陷在泥淖里时，一件突然震动世界的变故把她救了出来，得到一个平凡的归宿。——整篇故事可以用这一两行概括。因为是传奇（正如作者所说），没有悲剧的严肃、崇高和宿命性；光暗的对照也不强烈。因为是传奇，情欲没有惊心动魄的表现。几乎占到二分之一篇幅的调情，尽是些玩世不恭的享乐主义者的精神游戏：尽管那么机巧、文雅、风趣，终究是精练到近乎病态的社会的产物。好似六朝的骈体，虽然珠光宝气，内里却空空洞洞，既没有真正的欢畅，也没有刻骨的悲哀。《倾城之恋》

175

给人家的印象，仿佛是一座雕刻精工的翡翠宝塔，而非哥特式大寺的一角。美丽的对话，真真假假的捉迷藏，都在心的浮面飘滑；吸引，挑逗，无伤大体的攻守战，遮饰着虚伪。男人是一片空虚的心，不想真正找着落的心，把恋爱看作高尔夫与威士忌中间的调剂。女人，整日担忧着最后一些资本——三十岁左右的青春——再吃一次倒账；物质生活的迫切需求，使她无暇顾到心灵。这样的一幕喜剧，骨子里的贫血，充满了死气，当然不能有好结果。疲乏、厌倦、苟且、浑身小智小慧的人，担当不了悲剧的角色。麻痹的神经偶尔抖动一下，居然探头瞥见了一角未来的历史。病态的人有他特别敏锐的感觉：

> ……从浅水湾饭店过去一截子路，空中飞跨着一座桥梁，桥那边是山，桥这边是一块灰砖砌成的墙壁，拦住了这边的山……柳原看着她道："这堵墙，不知为什么使我想起地老天荒那一类的话……有一天，我们的文明整个的毁掉了，什么都完了——烧完了，炸完了，坍完了，也许还剩下这堵墙。流苏，如果我们那时候再在这墙跟底下遇见了……流苏，也许你会对我有一点真心，也许我会对你有一点真心。"

好一个天际辽阔，胸襟浩荡的境界！在这中篇里，无异平凡的田野中忽然显现出一片无垠的流沙。但也像流沙一样，不过动荡着显现了一刹那。等到预感的毁灭真正临到了，完成了，柳原的神经却只在麻痹之上多加了一些疲倦。从前一刹那的觉醒早已忘记了。他从没再加思索。连终于实现了的"一点真心"也不见得如何可靠。只有流苏，劫后舒了一口气，淡淡地浮起一些感想：

流苏拥被坐着，听着那悲凉的风。她确实知道浅水湾附近，灰砖砌的那一面墙，一定还屹然站在那里……她仿佛做梦似的，又来到墙根，迎面来了柳原……在这动荡的世界里，钱财，地产，天长地久的一切，全不可靠了。靠得住的只有她腔子里的这口气，还有睡在她身边的这个人。她突然爬到柳原身边，隔着他的棉被拥抱着他。他从被窝里伸出手来握住她的手。他们把彼此看得透明透亮。仅仅是一刹那彻底的谅解，然而这一刹那够他们在一起和谐地活个十年八年。

两人的心理变化，就只这一些。方舟上的一对可怜虫，只有"天长地久的一切全不可靠了"这样淡漠的惆怅。倾城大祸（给予他们的痛苦实在太少，作者不曾尽量利用对比），不过替他们收拾了残局；共患难的果实，"仅仅是一刹那彻底谅解"，仅仅是"活个十年八年"的念头。笼统的感慨，不彻底的反省。病态文明培植了他们的轻佻，残酷的毁灭使他们感到虚无、幻灭。同样没有深刻的反应。

而且范柳原真是一个这么枯涸的（fade）人吗？关于他，作者为何从头至尾只写侧面？在小说中他不是应该和流苏占着同等地位，是第二主题吗？他上英国去的用意，始终暧昧不明；流苏隔被拥抱他的时候，当他说，"那时候太忙着谈恋爱了，哪里还有工夫恋爱"的时候，他竟没进一步吐露真正切实的心腹。"把彼此看得透明透亮"，未免太速写式地轻轻带过了。可是这里正该是强有力的转捩点，应该由作者全副精神去对付的啊！错过了这最后一个高峰，便只有平凡的、庸碌鄙俗的下山路了。柳原宣布登报结婚的消息，使流苏快活得一忽儿哭一忽儿笑，柳原还有那种cynical的闲适去"羞她的脸"；到上海以后，

"他把他的俏皮话省下来说给旁的女人听";由此看来,他只是一个暂时收了心的唐·裘安,或是伊林华斯勋爵一流的人物。

"他不过是一个自私的男子,她不过是一个自私的女人。"但他们连自私也没有迹象可循。"在这兵荒马乱的时代,个人主义者是无处容身的。可是总有地方容得下一对平凡的夫妻。"世界上有的是平凡,我不抱怨作者多写了一对平凡的人。但战争使范柳原恢复了一些人性,使把婚姻当职业看的流苏有一些转变(光是觉得靠得住的只有腔子里的气和身边的这个人,是不够说明她的转变的),也不能算是怎样的不平凡。平凡并非没有深度的意思。并且人物的平凡,只应该使作品不平凡。显然,作者把她的人物过于匆促地送走了。

勾勒得不够深刻,是因为对人物思索得不够深刻,生活得不够深刻;并且作品的重心过于偏向俏皮而风雅的调情。倘再从小节上检视一下的话,那么,流苏"没念过两句书"而居然够得上和柳原针锋相对,未免是个大漏洞。离婚以前的生活经验毫无追叙,使她离家以前和以后的思想引动显得不可解。这些都减少了人物的现实性。

总之,《倾城之恋》的华彩胜过了骨干:两个主角的缺陷,也就是作品本身的缺陷。

三、短篇和长篇

恋爱与婚姻,是作者至此为止的中心题材;长长短短六七件作品,只是 variations upon a theme。遗老遗少和小资产阶级,全都为男女问题这恶梦所苦。恶梦中老是淫雨连绵的秋天,潮腻腻的,灰暗,肮脏,窒息与腐烂的气味,像是病人临终的房间。烦恼,焦急,挣扎,全无结果。恶梦没有边际,也就无从逃避。零星的磨折,生死的苦难,在此只是无名的浪费。青春,热情,幻想,希望,都没有存身的地方。川嫦的卧房，姚先生的家，封锁期的电车车厢，扩大起来便是整个的社会。一切之上，还有一只瞧不及的巨手张开着，不知从哪儿重重地压下来，要压瘪每个人的心房。这样一幅图画印在劣质的报纸上，线条和黑白的对照迷糊一些，就该和张女士的短篇气息差不多。

为什么要用这个譬喻？因为她阴沉的篇幅里，时时渗入轻松的笔调，俏皮的口吻，好比一些闪烁的磷火，教人分不清这微光是黄昏还是曙色。有时幽默的分量过了分，悲喜剧变成了趣剧。趣剧不打紧，但若沾上了轻薄味（如《琉璃瓦》），艺术就给摧残了。

明知挣扎无益，便不挣扎了。执着也是徒然，便舍弃了。这是道地的东方精神。明哲与解脱；可同时是卑怯，懦弱，懒惰，虚无。反映到艺术品上，便是没有波澜的寂寂死气，不一定有美丽而苍凉的手势来点缀。川嫦没有和病魔奋斗，没有丝毫意志的努力。除了向世界遗憾地投射一眼之外，她连抓住世界的念头都没有。不经战斗地投降。自己的父母与爱人对她没有深切的留恋。读者更容易忘记她。而她还是许多短篇中刻画得最深的人物！

微妙尴尬的局面，始终是作者最擅长的一手。时代，阶级，教育，利害观念完全不同的人相处在一块时所有暧昧含糊的情景，没有人比她传达得更真切。各种心理互相摸索，摩擦，进攻，闪避，显得那么自然而风趣，好似古典舞中一边摆着架势（figute）一边交换舞伴那样轻盈，潇洒，熨帖。这种境界稍有过火或稍有不及，《封锁》与《年轻的时候》中细腻娇嫩的气息就要给破坏，从而带走了作品全部的魅力。然而这巧妙的技术，本身不过是一种迷人的奢侈；倘使不把它当作完成主题的手段（如《金锁记》中这些技术的作用），那么，充其

179

量也只能制造一些小古董。

在作者第一个长篇只发表了一部分的时候就来批评，当然是不免唐突的。但其中暴露的缺陷的严重，使我不能保持谨慎的缄默。

《连环套》的主要弊病是内容的贫乏。已经刊布了四期，还没有中心思想显露。霓喜和两个丈夫的历史，仿佛是一串五花八门，西洋镜式的小故事杂凑而成的。没有心理的进展，因此也看不见潜在的逻辑，一切穿插都失掉了意义。雅赫雅是印度人，霓喜是广东养女：就这两点似乎应该是《第一环》的主题所在。半世纪前印度商人对中国女子的看法，即使逃不出玩物二字，难道竟没有旁的特殊心理？他是殖民地种族，但在香港和中国人的地位不同，再加是大绸缎铺子的主人。可是《连环套》中并无这两三个因素错杂的作用。养女（而且是广东的养女）该有养女的心理，对她一生都有影响。一朝移植之后，势必有一个演化蜕变的过程；绝不会像作者所写的，她一进绸缎店，仿佛从小就在绸缎店里长大的样子。我们既不觉得雅赫雅买的是一个广东养女，也不觉得广东养女嫁的是一个印度富商。两个典型的人物都给中和了。

错失了最有意义的主题，丢开了作者最擅长的心理刻画，单凭着丰富的想象，逞着一支流转如踢踏舞似的笔，不知不觉走上了纯粹趣味性的路。除开最初一段，越往后越着重情节：一套又一套的戏法（我几乎要说是噱头），突兀之外还要突兀，刺激之外还要刺激，仿佛作者跟自己比赛似的，每次都要打破上一次的纪录，像流行的剧本一样，也像歌舞团里的接一连二的节目一样，教读者眼花缭乱，应接不暇。描写色情的地方（多的是），简直用起旧小说和京戏——尤其是梆子戏——中最要不得而最叫座的镜头！《金锁记》的作者竟不惜用这种技术来给大众消闲和打哈哈，未免太出人意外了。

至于人物的缺少真实性，全都弥漫着恶俗的漫画气息，更是把Taste "看成了脚下的泥"。西班牙女修士的行为，简直和中国从前的三姑六婆一模一样。我不知半世纪前香港女修院的清规如何，不知作者在史实上有何根据；但她所写的，倒更近于欧洲中世纪的丑史，而非她这部小说里应有的现实。其次，她的人物不是外国人，便是广东人。即使地方色彩在用语上无法积极地标识出来，至少也不该把纯粹《金瓶梅》、《红楼梦》的用语，硬嵌入西方人和广东人嘴里。这种错乱得可笑的化装，真乃不可思议。

风格也从没像在《连环套》中那样自贬得厉害。节奏，风味，品格，全不讲了。措辞用语，处处显出"信笔所之"的神气，甚至往腐化的路上走。《倾城之恋》的前半篇，偶尔已看到"为了宝络这头亲，却忙得鸦飞雀乱，人仰马翻"的套语；幸而那时还有节制，不过小疵而已。但到了《连环套》，这小疵竟越来越多，像流行病的细菌一样了：——"两个嘲戏做一堆"，"是那个贼囚根子在他跟前……""一路上凤尾森森，香尘细细"，"青山绿水，观之不足，看之有余"，"三人分花拂柳"，"衔恨于心，不在话下"，"见了这等人物，如何不喜"，"……暗暗点头，自去报信不提"，"他触动前情，放出风流债主的手段"，"有话即长，无话即短"，"那内侄如同箭穿雁嘴，钩搭鱼腮，作声不得"……这样的滥调，旧小说的渣滓，连现在的鸳鸯蝴蝶派和黑幕小说家也觉得恶俗而不用了，而居然在这里出现。岂不也太像奇迹了吗？

在扯了满帆，顺流而下的情势中，作者的笔锋"熟极而流"，再也把不住舵。《连环套》逃不过刚下地就夭折的命运。

181

四、结论

我们在篇首举出一般创作的缺陷，张女士究竟填补了多少呢？一大部分，也是一小部分。心理观察，文字技巧，想象力，在她都已不成问题。这些优点对作品真有贡献的，却只《金锁记》一部。我们固不能要求一个作家只产生杰作，但也不能坐视她的优点把她引入危险的歧途，更不能听让新的缺陷去填补旧的缺陷。

《金锁记》和《倾城之恋》，以题材而论似乎前者更难处理，而成功的却是那更难处理的。在此见出作者的天分和功力。并且她的态度，也显见对前者更严肃，作品留在工场里的时期也更长久。《金锁记》的材料大部分是间接得来的：人物和作者之间，时代，环境，心理，都距离甚远，使她不得不丢开自己，努力去生活在人物身上，顺着情欲发展的逻辑，尽往第三者的个性里钻。于是她触及了鲜血淋漓的现实。至于《倾城之恋》，也许因为作者身经危城劫难的印象太强烈了。自己的感觉不知不觉过量地移注在人物身上，减少了客观探索的机会。她和她的人物同一时代，更易混入主观的情操。还有那漂亮的对话，似乎把作者首先迷住了：过度地注意局部，妨害了全体的完成。只要作者不去生活在人物身上，不跟着人物走，就免不了肤浅之病。

小说家最大的秘密，在能跟着创造的人物同时演化。生活经验是无穷的。作家的生活经验怎样才算丰富是没有标准的。人寿有限，活动的环境有限；单凭外界的材料来求生活的丰富，绝不够成为艺术家。唯有在众生身上去体验人生，才会使作者和人物同时进步，而且渐渐超过自己。巴尔扎克不是在第一部小说成功的时候，就把人生了解得那么深、那么广的。他也不是对贵族，平民，劳工，富商，律师，诗人，画家，荡妇，老处女，军人……那些种类万千的人的心理，分门别类地一下了都研究明白，了如指掌之后， 然后动笔写作的。现实世界所有的不过是片段的材料，片段的暗示经小说家用心理学家的眼光，科学家的耐心，宗教家的热诚，依照严密的逻辑推索下去，忘记了自我，化身为故事中的角色（还要走多少回头路，白花多少心力），陪着他们做身心的探险，陪他们笑，陪他们哭，才能获得作者实际未曾经历的经历。一切的大艺术家就是这样一面工作一面学习的。这些平凡的老话，张女士当然知道。不过作家所遇到的诱惑特别多，也许旁的更悦耳的声音，在她耳畔盖住了老生常谈的单调声音。

技巧对张女士是最危险的诱惑。无论哪一部门的艺术家，等到技巧成熟过度，成了格式，就不免要重复他自己。在下意识中，技能像旁的本能一样时时骚动着，要求一显身手的机会，不问主人胸中有没有东西需要它表现。结果变成了文字游戏。写作的目的和趣味，仿佛就在花花絮絮的方块字的堆砌上。任何细胞过度地膨胀，都会变成癌。其实，彻底地说，技巧也没有止境。一种题材，一种内容，需要一种特殊的技巧去适应。所以真正的艺术家，他的心灵探险史，往往就是和技巧的战斗史。人生形相之多，岂有一二套衣装就够穿戴之理？把握住了这一点，技巧永久不会成癌，也就无所谓危险了。

文学遗产的记忆过于清楚，是作者另一危机。把旧小说的文体运用到创作上来，虽在适当的限度内不无情趣，究竟近于玩火，一不留神，艺术会给它烧毁的。旧文体的不能直接搬过来，正如不能把西洋的文法和修辞直接搬用一样。何况俗套滥调，在任何文字里都是毒素！希望作者从此和它们隔离起来。她自有她净化的文体。《金锁记》的作者没有理由往后退。聪明机智成了习气，也是一块绊脚石。王尔德派的人生观，和东方式的"人生朝露"的腔调混合起来，是没有前程的。它只能使心灵从洒脱而空虚而枯涸，使作者离开艺术，离开人生，埋葬在沙龙里。

我不责备作者的题材只限于男女问题。但除了男女之外，世界究竟还辽阔得很。人类的情欲不仅仅限于一两种。假如作者的视线改换一下角度的话，也许会摆脱那种淡漠的贫血的感伤情调；或者痛快成为一个彻底的悲观主义者，把人生剥出一个血淋淋的面目来。我不是鼓励悲观。但心灵的窗子不会嫌开得太多，因为可以免除单调与闭塞。

总而言之：才华最爱出卖人！像张女士般有多方面的修养而能充分运用的作家（绘画，音乐，历史的运用，使她的文体特别富丽动人），单从《金锁记》到《封锁》，不过如一杯对过几次开水的龙井，味道淡了些。即使如此，也嫌太奢侈、太浪费了。但若取悦大众（或只是取悦自己来满足技巧欲——因为作者能可谦抑地说：我不过写着玩儿的）到写日报连载小说（fluilleton）的所谓 fiction 的地步，那样的倒车开下去，老实说，有些不堪设想。宝石镶嵌的图画被人欣赏，并非为了宝石的彩色。少一些光芒，多一些深度，少一些辞藻，多一些实质：作品只会有更完满的收获。多写，少发表，尤其是服侍艺术最忠实的态度。（我知道作者发表的绝非她的处女作，但有些大作家早年废弃的习作，有三四十部小说从未问世的记录。）文艺女神的贞洁是最宝贵的，也是最容易被污辱的。爱护她就是爱护自己。

一位旅华数十年的外侨和我闲谈时说起："奇迹在中国不算稀奇，可是都没有好收场。"但愿这两句话永远扯不到张爱玲女士身上！

介绍一本使你下泪的书

我想动笔做这篇文字的时候，还在好几天前；只是一天到晚地无事忙和懒惰忙，给我耽搁下来。而今天申报艺术界的书报介绍栏里已发现了四个大字《爱的教育》。刚才读到十三期《北新》也发现了同样的题目——《爱的教育》。论理人家已经介绍过了，很详细地介绍过了，似乎不用我再来凑热闹了。不过我要说的话，和《申报》元清君说的稍有些不同，而《北新》上的也只是报告一个消息，还没有见过整篇的文字谈到它的。而且在又一方面，《北新》是郑重的、诚恳的，几次地声明：欢迎读者的关于书报的意见，当然肯牺牲一些篇幅的！

我读到这篇文字的时候，校里正在举行一察学生平日勤惰的季考，但是我辈烂污朋友，反因不上课的缘故，可以不查生字（英文的），倒觉得十分清闲。我就费了两天的光阴，流了几次眼泪，读完了它。说到流泪，我并不说谎，并不是故意说这种话来骇人听闻；只看译者

185

的序言就知道了，不过夏先生的流泪，完全是因为他当了许多年教师的缘故；而我的眼泪，实在是因为我是才跑到成人（我还未满二十）的区域里的缘故！

真是！黄金似的童年，快乐无忧的童年，梦也似的过去了！永不回来了！眼前满是陌生的人们，终朝板起"大人"的面孔来吓人骗人。以孤苦伶仃的我，才上了生命的路，真像一只柔顺的小羊，离开了母亲，被牵上市去一样。回头看看自己的同伴，自己的姐妹，还是在草地上快活地吃草。那种景况，怎能不使善感的我，怅惘，凄怆，以至于泪下而不自觉呢！

还有，他叙述到许多儿童爱父母的故事，使我回忆起自己当年，曾做了多少使母亲难堪的事，现在想来，真是万死莫赎。那种忏悔的痛苦，我已深深地尝过了！

我们在校，对于学校功课，总不肯用功。遇到考试，总可敷衍及格，而且有时还可不止及格呢。就是不及格，也老是替自己解释：考试本是骗人的！但是我读了他们种种勤奋的态度，我真是对不起母亲！对不起自己！只是自欺欺人的混过日子。

又读到他们友爱的深切诚挚，使我联想到现在的我们，天天以虚伪的面孔来相周旋，以嫉妒愤恨的心理互相欺凌。我们还都在童年与成年的交界上，而成年人的罪恶已全都染遍；口上天天提倡世界和平，学校里还不能和平呢！

"每月例话"是包含了许多爱国忠勇……的故事，又给了我辈天天胡闹、偷安苟全、醉生梦死的人一服清凉剂！我读了《少年鼓手》、《少年侦探》，我正像半夜里给大炮惊醒了，马上跳下床来一样。我今天才认识我现在所处的地位！至于还有其他的许多故事，读者自会领略，不用多说。

末了，我希望凡是童心未退，而想暂时地回到童年的乐园里去流连一下的人们，快读此书！我想他们读了一定也会像我一样的伤心——或许更厉害些！——不过他们虽然伤心，一定仍旧会爱它，感谢它的。玫瑰花本是有刺的啊！

我更希望读过此书的人们，要努力地把它来介绍给一般的儿童！这本书原是著名的儿童读物。而且，我想他们读了，也可以叫他们知道童年的如何可贵，而好好地珍惜他们的童年，将来不至像我们一样！从别一方面说：他们读了这本书，至少他们的脾气要好上十倍！他一定不会——至少要大大地减少——再使他母亲不快活，他更要和气的待同学……总而言之，要比上三年公民课所得的效果好得多多！

我这篇东西完全像一篇自己的杂记，只是一些杂乱的感想，固然谈不到批评，也配不上说介绍；只希望能引起一般人的注意罢了！

我谨候读过此书后的读者，能够给我一个同情的应声！

关于乔治萧伯讷 ① 的戏剧 ②

乔治·萧伯纳（George Bernard Shaw）于一八五六年生于爱尔兰京城杜白林。他的写作生涯开始于一八七九年。自一八八〇年至一八八六年间，萧氏参加称为费边社（Fabian Society）的社会主义运动，并写他的《未成年四部曲》。一八九一年，他的批评论文《易卜生主义的精义》（The Quintessence of Ibsenism）出版。一八九八年，又印行他的音乐论文 The Perfact Wagnrite 。一八八五年开始，他就写剧本，但他的剧本的第一次上演，这是一八九三年间的事。从此以后，他在世界舞台上的成功，已为大家所知道了。在他数量惊人的喜剧中，最著名的《华伦夫人之职业》（一八九三）、《英雄与军人》

---

① 即萧伯纳。——编者注

② 本文初刊于一九三二年二月十七日的《时事新报》——欢迎萧伯纳氏来华纪念专号，题为《乔治·萧伯讷评传》，后经修改，又刊于一九三三年二月的《艺术旬刊》第二卷第二期，改用此题目。本文选自《傅雷全集》第十七卷。——编者注

（一八九四）、Candida（一八九七）、Caesar and Cleopatra（一九〇〇）、John Bull's Other Island（一九〇三）、《人与超人》（一九〇三）、《结婚去》Getting Married（一九〇八）、《The Blanco Posnet 的暴露》The showing up of Blanco posnet（一九〇九）、Back to Mathuselah（一九二〇）、《圣耶纳》（一九二三）。一九二六年，萧伯讷获得诺贝尔文学奖金。

本世纪初叶的英国文坛，有一个很显著的特点，就是，大作家们并不努力于美的修积，而是认实际行动为文人的最高终极。这自然不能够说英国文学的传统从此中断了或转换了方向。桂冠诗人的荣衔一直有人承受着；自丁尼生以降，有阿尔弗莱特、奥斯丁和劳白脱·勃里奇等。但在这传统以外，新时代的作家如吉卜林（Kipling）、切斯特顿（Chesterton）、韦尔斯（Wells）、萧伯纳等，各向民众宣传他们的社会思想、宗教信仰……

这个世纪是英国产生预言家的世纪。萧伯纳便是这等预言家中最大的一个。

在思想上，萧并非是一个孤独的倡导者，他是塞缪尔·勃特勒（Samuel Butler，一八三五——一九〇二）的信徒，他继续白氏的工作，对于维多利亚女王时代的文物法统重新加以估价。萧的毫无矜惜的讽刺便是他唯一的武器。青年时代的热情又使他发现了马克思与亨利·乔治（Henri Georges）（按，乔治名著《进步与贫穷》出版于一八七七年）。他参加当时费边社的社会主义运动。一八八四年，他并起草该会的宣言。一八八三年写成他的名著之一《一个不合社会的社会主义者》（An Unsociable Socialist）。同时，他加入费边运动的笔战，攻击无政府党。他和诗人兼戏剧家戈斯（Edmond Gosse）

等联合，极力介绍易卜生。他的《易卜生主义的精义》即在一八九一年问世。由此观之，萧伯纳在他初期的著作生涯中，即明白表现他所受前人的影响而急于要发展他个人的反动。因为萧生来是一个勇敢的战士，所以第一和易卜生表同情，其后又亲切介绍瓦格纳（他的关于瓦格纳的著作于一八九八年出版）。他把瓦氏的 Crèpuscal des Dieux 比诸十九世纪德国大音乐家梅耶贝尔（Meyerbeer）的最大的歌剧。他对于莎士比亚的研究尤具独到之见，他把属于法国通俗喜剧的 Comme il Vous Plaira（莎氏原著名 As You Like It）和纯粹莎士比亚风格的 Measure for Measure 加以区别。但萧在讲起德国民间传说尼伯龙根（Nibelungen）的时候，已经用簇新的眼光去批评，而称之为"混乱的工业资本主义的诗的境界"了：这自然是准确的，从某种观点上来说，他不免把这真理推之极度，以至成为千篇一律的套语。

萧伯纳自始即练成一种心灵上的试金石，随处应用它去测验各种学说和制度。萧自命为现实主义者，但把组成现实的错综性的无重量物（如电、光、热等）摒弃于现实之外。萧宣传社会主义，但他并没有获得信徒，因为他的英雄是一个半易卜生半尼采的超人，是他的思想的产物。这实在是萧的很奇特的两副面目：社会主义者和个人主义者。在近代作家中，恐怕没有一个比萧更关心公众幸福的了，可是他所关心的，只用一种抽象的热情，这为萧自己所否认但的确是事实。

很早，萧伯纳放弃小说。但他把小说的内容上和体裁上的自由赋予戏剧。他开始编剧的时候，美国舞台上正风靡着阿瑟·波内罗（Arthur Pinero）、阿瑟琼斯（Arthur Jones）辈的轻佻的喜剧。由此，他懂得戏剧将如何可以用作他直接针砭社会的武器。他要触及一般的民众，极力加以抨击。他把舞台变作法庭，变作讲坛，把戏剧用作教育的工

具。最初，他的作品很被一般人所辩论，但他的幽默风格毕竟征服了
大众。在表面上，萧是胜利了；实际上，萧不免时常被自己的作品所
欺骗：观众接受了他作品中幽默的部分而疏忽了他的教训。萧知道这
情形，所以他愈斥英国民众为无可救药的愚昧。

然而，萧氏剧本的不被一般人了解，也不能单由观众方面负责。
萧氏的不少思想剧所给予观众的，往往是思想的幽灵，是历史的记载，
虽然把年月改变了，却并不能有何特殊动人之处。至于描写现代神秘
的部分，却更使人回忆起小仲马而非易卜生。

萧氏最通常的一种方法，是对于普通认可的价值的重提。这好像
是对于旧事物的新估价，但实际上又常是对于选定的某个局部的坚持，
使其余部分，在比较上成为无意义。在这无聊的反照中便产生了滑稽
可笑。这方法的成功与否，全视萧伯讷所取的问题是一个有关生机的
问题或只是一个迅暂的现象而定。例如，《人与超人》把《唐璜》（Don
Juan）表现成一个被女子所牺牲的人，但这种传说的改变并无多大益
处。可是像在《凯撒与克莉奥佩特拉》（Cesar and Cleopatre）、《康
蒂妲》（Candida）二剧，人的气氛浓厚得多。萧的善良的观念把"力
强"与"怯弱"的争执表现得多么悲壮，而其结论又是多么有力。

萧伯纳，据若干批评家的意见，并且是一个乐观的清教徒，他不
信 Metaphysique 的乐园，故他发愿要在地球上实现这乐园。萧氏宣
传理性、逻辑，攻击一切阻止人类向上的制度和组织。他对于军队、
政治、婚姻、慈善事业，甚至医药，都尽情地嬉笑怒骂，萧氏整部作
品建筑在进化观念上。

然而，萧伯纳并不是创造者，他曾宣言："如果我是一个什么人
物，那么我是一个解释者。"是的，他是一个解释者，他甚至觉得戏

剧本身不够解释他的思想而需要附加与剧本等量的长序。

离开了文学，离开了戏剧，离开了一切技巧和枝节，那么，萧伯纳在本世纪思想上的影响之重大，已经成为不可动摇的史迹了。

这篇短文原谈不到"评"与"传"，只是乘他东来的机会，在追悼最近逝世的高尔斯华绥之余，对于这个现代剧坛的巨星表示相当的敬意而已。

在此破落危亡，大家感着世纪末的年头，这个讽刺之王的来华，当更能引起我们的感慨吧！

罗素《幸福之路》译者弁言 ①

人尽皆知戏剧是综合的艺术；但人生之为综合的艺术，似乎还没被人充分认识，且其综合意义的更完满更广大，尤其不曾获得深刻的体验。在戏剧舞台上，演员得扮演种种角色，追求演技上的成功，经历悲欢离合的情绪。但在人生舞台上，我们得扮演更多种的角色，追求更多方面的成功，遇到的局势也更光怪陆离，出人意外。即使在长途的跋涉奔波，忧患遍尝之后，也不一定能尝到甘美的果实——这果实我们称之为人生艺术的结晶品，称之为幸福。

症结所在，就如本书作者所云，有内外双重的原因。外的原因是物质环境，现存制度，那是不在个人能力范围以内的；内的原因有一

---

① 傅雷先生于一九四二年一月译竣《幸福之路》，并撰写此弁言，全书于一九四七年一月由南国出版社出版。现选自《傅雷文集·文艺卷》（当代世界版）。罗素（Bertrand Russell，一八七二——一九七〇），二十世纪最杰出的哲学家之一，同时又是著名的数学家、散文作家和社会活动家。——编者注

切的心理症结，传统信念，那是在个人能力之内而往往为个人所不知或不愿纠正的。精神分析学近数十年来的努力，已驱除了不少内心的幽灵；但这种专门的科学智识既难于普遍，更难于运用。而且人生艺术所涉及的还有生物学，伦理学，社会学，历史，经济以及无数或大或小的智识和——尤其是——智慧。能综合以上的许多观点而可为我们指南针的，在近人著作中，罗素的《幸福之路》似乎是值得介绍的一部。他的现实的观点，有些人也许要认为卑之无甚高论，但我认为正是值得我们紧紧抓握的关键。现实的枷锁加在每个人身上，大家都沉在苦恼的深渊里无以自拔；我们既不能鼓励每个人都成为革命家，也不能抑压每个人求生和求幸福的本能，那么如何在现存的重负之下挣扎出一颗自由与健全的心灵，去一尝人生的果实，岂非当前最迫切的问题？在此我得感谢几位无形中促使我译成本书的朋友。我特别要感激一位年轻的友人，使我实地体验到：人生的暴风雨和自然界的一样多，来时也一样的突兀；有时内心的阴霾和雷电，比外界的更可怕更致命。所以我们多一个向导，便多一重盔甲，多一重保障。

　　这是我译本书的动机。

胡适：

读书切忌盲目

读书

"读书"这个题，似乎很平常，也很容易。然而我却觉得这个题目很不好讲。据我所知，"读书"可以有三种说法：

（一）要读何书

关于这个问题，《京报副刊》上已经登了许多时候的"青年必读书"；但是这个问题，殊不易解决，因为个人的见解不同，个性不同。各人所选只能代表各人的嗜好，没有多大的标准作用。所以我不讲这一类的问题。

（二）读书的功用

从前有人作《读书乐》，说什么"书中自有千钟粟，书中自有黄金屋，书中自有颜如玉"，现在我们不说这些话了。要说，读书是求知识，知识就是权力。这些话都是大家会说的，所以我也不必讲。

（三）读书的方法

我今天是要想根据个人所经验，同诸位谈谈读书的方法。我的第一句话是很平常的，就是说，读书有两个要素：

第一要精。

第二要博。

现在先说什么叫"精"。

我们小的时候读书，差不多每个小孩都有一条书签，上面写十个字，这十个字最普遍的就是"读书三到：眼到，口到，心到"。现在这种书签虽不用，三到的读书法却依然存在。不过我以为读书三到是不够的；须有四到，是"眼到，口到，心到，手到"。我就拿它来说一说。

眼到是要个个字认得，不可随便放过。这句话起初看去似乎很容易，其实很不容易。读中国书时，每个字的一笔一画都不放过。近人费许多功夫在校勘学上，都因古人忽略一笔一画而已。读外国书要把A、B、C、D……等字母弄得清清楚楚。所以说这是很难的。如有人翻译英文，把port看作pork，把oats看作oaks，于是葡萄酒一变而为猪肉，小草变成了大树。说起来这种例子很多，这都是眼睛不精细的结果。书是文字做成的，不肯仔细认字，就不必读书。眼到对于读书的关系很大，一时眼不到，贻害很大，并且眼到能养成好习惯，养成不苟且的人格。

口到是一句一句要念出来。前人说口到是要念到烂熟背得出来。我们现在虽不提倡背书，但有几类的书，仍旧有熟读的必要；如心爱的诗歌，如精彩的文章，熟读多些，于自己的作品上也有良好的影响。读此外的书，虽不须念熟，也要一句一句念出来，中国书如此，外国书更要如此。念书的功用能使我们格外明了每一句的构造，句中各部分的关系。往往一遍念不通，要念两遍之上，方才能明白的。读好的小说尚且要如此，何况读关于思想学问的书呢？

心到是每章每句每字意义如何，何以如是？这样用心考究。但是用心不是叫人枯坐冥想，是要靠外面的设备及思想的方法的帮助。要做到这一点，须要有几个条件：

（一）字典、辞典、参考书等等工具要完备。这几样工具虽不能办到，也当到图书馆去看。我个人的意见是奉劝大家，当衣服，卖田地，至少要置备一点好的工具。比如买一本《韦氏大字典》，胜于请几个先生。这种先生终身跟着你，终身享受不尽。

（二）要做文法上的分析。用文法的知识，作文法上的分析，要懂得文法构造，方才懂得它的意义。

（三）有时要比较参考，有时要融会贯通，方能了解。不可但看字面。一个字往往有许多意义，读者容易上当。

例如 turn 这字：作外动字解有十五解，作内动字解有十三解，作名词解有二十六解，共五十四解，而成语不算。

又如 strike：作外动字解有三十一解，作内动字解有十六解，作名词解有十八解，共六十五解。

又如 go 字最容易了，然而这个字：作内动字解有二十二解，作外动字解有三解，作名词解有九解，共三十四解。

以上是英文字须要加以考究的例。英文字典是完备的；但是某一字在某一句究竟用第几个意义呢？这就非比较上下文，或贯串全篇，不能懂了。

中文较英文更难，现在举几个例：

祭文中第一句"维某年月日"之"维"字，究作何解？字典上说它是虚字。《诗经》里"维"字有二百多，必需细细比较研究，然后知道这个字有种种意义。

又《诗经》之"于"字，"之子于归""凤凰于飞"等句，"于"字究作何解？非仔细考究是不懂的。又"言"字人人知道，但在《诗经》中就发生问题，必须比较，然后知"言"字为联接字。诸如此例甚多。中国古书很难读，古字典又不适用，非是用比较归纳的研究方法，我们如何懂得呢？

总之，读书要会疑，忽略过去，不会有问题，便没有进益。

宋儒张载说："读书先要会疑。于不疑处有疑，方是进矣。"他又说："在可疑而不疑者，不会学。学则须疑。"又说"学贵心悟，守旧无功"。

宋儒程颐说："学原于思。"

这样看起来，读书要求心到；不要怕疑难，只怕没有疑难。工具要完备，思想要精密，就不怕疑难了。

现在要说手到。手到就是要劳动劳动你的贵手。读书单靠眼到、口到、心到，还不够的；必须还得自己动动手，才有所得。例如：

（1）标点分段，是要动手的。

（2）翻查字典及参考书，是要动手的。

（3）做读书札记，是要动手的。札记又可分四类：

（a）抄录备忘。

（b）作提要、节要。

（c）自己记录心得。张载说："心中苟有所开，即便札记，不则还塞之矣。"

199

（d）参考诸书，融会贯通，作有系统的著作。

手到的功用。我常说：发表是吸收知识和思想的绝妙方法。吸收进来的知识思想，无论是看书来的，或是听讲来的，都只是模糊零碎，都算不得我们自己的东西。自己必须做一番手脚，或做提要，或做说明，或做讨论，自己重新组织过，申叙过，用自己的语言记述过——那种知识思想方才可算是你自己的了。

我可以举一个例。你也会说"进化"，他也会谈"进化"，但你对于"进化"这个观念的见解未必是很正确的，未必是很清楚的；也许只是一种"道听途说"，也许只是一种时髦的口号。这种知识算不得知识，更算不得是"你的"知识。假使你听了我的这句话，不服气，今晚回去就去遍翻各种书籍，仔细研究进化论的科学上的根据；假使你翻了几天书之后，发愤动手，把你研究的写成一篇读书札记；假使你真动手写了这么一篇《我为什么相信进化论？》的札记，列举了：

（一）生物学上的证据，（二）比较解剖学上的证据，（三）比较胚胎学上的证据，（四）地质学和古生物学上的证据，（五）考古学上的证据，（六）社会学和人类学上的证据。

到这个时候，你所有关于"进化论"的知识，经过了一番组织安排，经过了自己的去取叙述，这时候这些知识方才可算是你自己的了。所以我说，发表是吸收的利器；又可以说，手到是心到的法门。

至于动手标点，动手翻字典，动手查书，都是极要紧的读书秘诀，诸位千万不要轻轻放过。内中自己动手翻书一项尤为要紧。我记得前几年我曾劝顾颉刚先生标点姚际恒的《古今伪书考》。当初我知道他的生活困难，希望他标点一部书付印，卖几个钱。那部书是很薄的一本，我以为他一两个星期就可以标点完了。哪知顾先生一去半年，还不曾交卷。原来他于每条引的书，都去翻查原书，仔细校对，注明出处，注明原书卷第，注明删节之处。他动手半年之后，来对我说，《古今伪书考》不必付印了，他现在要编辑一部疑古的丛书，叫做"辨伪丛刊"。我很赞成他这个计划，让他去动手。他动手了一两年之后，更进步了，又超过那"辨伪丛刊"的计划了，他要自己创作了。他前年以来，对于中国古史，做了许多辨证的文字，他眼前的成绩早已超过崔述了，更不要说姚际恒了。顾先生将来在中国史学界的贡献一定不可限量，但我们要知道他成功的最大原因是他的手到的工夫勤而且精。我们可以说，没有动手不勤快而能读书的，没有手不到而能成学者的。

第二要讲什么叫"博"。

什么书都要读，就是博。古人说："开卷有益"，我也主张这个意思，所以说读书第一要精，第二要博。我们主张"博"有两个意思：

第一，为预备参考资料计，不可不博。

第二，为做一个有用的人计，不可不博。

第一，为预备参考资料计。在座的人，大多数是戴眼镜的。诸位为什么要戴眼镜？岂不是因为戴了眼镜，从前看不见的，现在看见了；从前很小的，现在看得很大了；从前看不分明的，现在看得清楚分明了？王荆公说得最好：

> 世之不见全经久矣。读经而已，则不足以知经。故某目百家诸子之书，至于《难经》、《素问》、《本草》诸小说，无所不读；农夫女工，无所不问；然后于经为能知其大体而无疑。盖后世学者与先王之时异矣；不如是，不足以尽圣人故也……致其知而后读，以有所去取，故异学不能乱也。惟

其不能乱，故能有所取者，所以明吾道而已。（答曾子固）

　　他说："致其知而后读。"又说："读经而已，则不足以知经。"即如《墨子》一书在一百年前，清朝的学者懂得此书还不多。到了近来，有人知道光学、几何学、力学、工程学等，一看《墨子》，才知道其中有许多部分是必须用些科学的知识方才能懂的。后来有人知道了伦理学、心理学等，懂得《墨子》更多了。读别种书愈多，《墨子》愈懂得多。

　　所以我们也说，读一书而已则不足以知一书。多读书，然后可以专读一书。譬如读《诗经》，你若先读了北大出版的《歌谣周刊》，便觉得《诗经》好懂得多了；你若先读过社会学、人类学，你懂得更多了；你若先读过文字学、古音韵学，你懂得更多了；你若读过考古学、比较宗教学等，你懂得的更多了。

　　你要想读佛家唯识宗的书吗？最好多读点伦理学、心理学、比较宗教学、变态心理学。

　　无论读什么书总要多配几副好眼镜。

　　你们记得达尔文研究生物演化的故事吗？达尔文研究生物演变的现状，前后凡三十多年，积了无数材料，想不出一个简单贯串的说明。有一天他无意中读马尔萨斯的人口论，忽然大悟生存竞争的原则，于是得着物竞天择的道理，遂成一部破天荒的名著，给后世思想界打开一个新纪元。

　　所以要博学者，只是要加添参考的材料，要使我们读书时容易得"暗示"；遇着疑难时，东一个暗示，西一个暗示，就不至于呆读死书了。这叫做"致其知而后读"。

第二，为做人计。

专工一技一艺的人，只知一样，除此之外，一无所知。这一类人，影响于社会很少。好有一比，比一根旗杆，只是一根孤拐，孤单可怜。

又有些人广泛博览，而一无所专长，虽可以到处受一班贱人的欢迎，其实也是一种废物。这一类人，也好有一比，比一张很大的薄纸，禁不起风吹雨打。

在社会上，这两种人都是没有什么大影响，为个人计，也很少乐趣。

理想中的学者，既能博大，又能精深。精深的方面，是他的专门学问。博大的方面，是他的旁搜博览。博大要几乎无所不知，精深要几乎惟他独尊，无人能及。他用他的专门学问做中心，次及于直接相关的各种学问，次及于间接相关的各种学问，次及于不很相关的各种学问，以次及毫不相关的各种泛览。这样的学者，也有一比，比埃及的金字三角塔。那金字塔高四百八十英尺，底边各边长七百六十四英尺。塔的最高度代表最精深的专门学问；从此点以次递减，代表那旁收博览的各种相关或不相关的学问。塔底的面积代表博大的范围，精深的造诣，博大的同情心。这样的人，对社会是极有用的人才，对自己也能充分享受人生的趣味。宋儒程颢说得好：

须是大其心使开阔譬如为九层之台，须大做脚始得。

博学正所以"大其心使开阔"。我曾把这番意思编成两句粗浅的口号，现在拿出来贡献给诸位朋友，作为读书的目标：

为学要如金字塔，要能广大要能高。

为什么读书

青年会叫我在未离南方赴北方之前在这里谈谈，我很高兴，题目是"为什么读书"。现在读书运动大会开始，青年会拣定了三个演讲题目。我看第二题目"怎样读书"很有兴味，第三题目"读什么书"更有兴味，第一题目无法讲，为什么读书，连小孩子都知道，讲起来很难为情，而且也讲不好。所以我今天讲这个题目，不免要侵犯其余两个题目的范围，不过我仍旧要为其余两位演讲的人留一些余地。现在我就把这个题目来试一下看。我从前也有过一次关于读书的演讲，后来我把那篇演讲录略事修改，编入三集《文存》里面，那篇文章题目叫做《读书》，其内容性质较近于第二题目，诸位可以拿来参考。今天我就来试试"为什么读书"这个题目。

从前有一位大哲学家做了一篇《读书乐》，说到读书的好处，他说："书中自有千钟粟，书中自有黄金屋，书中自有颜如玉。"这意思就是说，读了书可以做大官，获厚禄，可以不至于住茅草房子，可以娶得年轻的漂亮太太（台下哄笑）。诸位听了笑起来，足见诸位对于这位哲学家所说的话不十分满意。现在我就讲所以要读书的别的原因。

为什么要读书？有三点可以讲：第一，因为书是过去已经知道的智识学问和经验的一种记录，我们读书便是要接受这人类的遗产；第二，为要读书而读书，读了书便可以多读书；第三，读书可以帮助我们解决困难，应付环境，并可获得思想材料的来源。我一踏进青年会的大门，就看见许多关于读书的标语。为什么读书？大概诸位看了这些标语就都已知道了，现在我就把以上三点更详细的说一说。

第一，因为书是代表人类老祖宗传给我们的智识的遗产，我们接受了这遗产，以此为基础，可以继续发扬光大，更在这基础之上，建立更高深更伟大的智识。人类之所以与别的动物不同，就是因为人有语言文字，可以把智识传给别人，又传至后人，再加以印刷术的发明，许多书报便印了出来。人的脑很大，与猴不同，人能造出语言，后来更进一步而有文字，又能刻木刻字；所以人最大的贡献就是过去的智识和经验，使后人可以节省许多脑力。非洲野蛮人在山野中遇见鹿，他们就画了一个人和一只鹿以代信，给后面的人叫他们勿追。但是把智识和经验遗给儿孙有什么用处呢？这是有用处的， 因为这是前人很好的教训。现在学校里各种教科，如物理、化学、历史，等等，都是根据几千年来进步的智识编纂成书的，一年、两年，或者三年，教完一科。自小学、中学，而至大学毕业，这十六年中所受的教育，都是代表我们老祖宗几千年来得来的智识学问和经验。所谓进化，就是叫人节省劳力，蜜蜂虽能筑巢，能发明，但传下来就只有这一点智识，没有继续去改革改良，以应付环境，没有做格外进一步的工作。人呢，达不到目的，就再去求进步，而以前人的智识学问和经验作参考。如果每样东西，要个个从头学起，而不去利用过去的智识，那不是太麻烦吗？所以人有了这智识的遗产，就可以自己去成家立业，就可以缩短工作，使有余力做别的事。

第二点稍复杂，就是为读书而读书。读书不是那么容易的一件事情，不读书不能读书，要能读书才能多读书。好比戴了眼镜，小的可以放大，糊涂的可以看得清楚，远的可以变为近。读书也要戴眼镜。眼镜越好，读书的了解力也越大。王安石对曾子固说："读经而已，则不足以知经。"所以他对于本草、内经、小说，无所不读，这样对于经才可以明白一些。王安石说："致其知而后读。"

请你们注意，他不说读书以致知，却说，先致知而后读书。读书固然可以扩充知识；但知识越扩充了，读书的能力也越大。这便是"为读书而读书"的意义。

试举《诗经》作一个例子。从前的学者把《诗经》看作"美"、"刺"的圣书，越讲越不通。现在的人应该多预备几副好眼镜，人类学的眼镜、考古学的眼镜、文法学的眼镜、文学的眼镜。眼镜越多越好，越精越好。例如"野有死麕，白茅包之。有女怀春，吉士诱之"；我们若知道比较民俗学，便可以知道打了野兽送到女子家去求婚，是平常的事。又如"钟鼓乐之，琴瑟友之"，也不必说什么文王太姒，只可看作少年男子在女子的门口或窗下奏乐唱和，这也是很平常的事。再从文法方面来观察，像《诗经》里"之子于归"、"黄鸟于飞"、"凤凰于飞"的"于"字；此外，《诗经》里又有几百个的"维"字，还有许多"助词"、"语词"，这些都是有作用而无意义的虚字，但以前的人却从未注意及此。这些字若不明白，《诗经》便不能懂。再说在《墨子》一书里，有点光学、力学；又有点经济学。但你要懂得光学，才能懂得墨子所说的光；你要懂得各种智识，才能懂得《墨子》里一些最难懂的文句。总之，读书是为了要读书，多读书更可以读书。最大的毛病就在怕读书，怕读难书。越难读的书我们越要征服它们，把它们作为我们奴隶或向导，我们才能够打倒难书，这才是我们的"读书乐"。若是我们有了基本的科学知识，那么，我们在读书时便能左右逢源。我再说一遍，读书的目的在于读书，要读书越多才可以读书越多。

第三点，读书可以帮助解决困难，应付环境，供给思想材料。知识是思想材料的来源。思想可分作五步。思想的起源是大的疑问。吃饭拉屎不用想，但逢着三叉路口，十字街头那样的环境，就发生困难了。走东或走西，这样做或是那样做，有了困难，才有思想。第二步要把问题弄清，究竟困难在哪一点上。第三步才想到如何解决，这一步，俗话叫做出主意。但主意太多，都采用也不行，必须要挑选。但主意太少，或者竟全无主意，那就更没有办法了。第四步就是要选择一个假定的解决方法。要想到这一个方法能不能解决。若不能，那么，就换一个；若能，就行了。这好比开锁，这一个钥匙开不开，就换一个；假定是可以开的，那么，问题就解决了。第五步就是证实。凡是有条理的思想都要经过这步，或是逃不了这五个阶段。科学家要解决问题，侦探要侦探案件，多经过这五步。

这五步之中，第三步是最重要的关键。问题当前，全靠有主意（Ideas）。主意从哪儿来呢？从学问经验中来。没有智识的人，见了问题，两眼白瞪瞪，抓耳挠腮，一个主意都不来。学问丰富的人，

207

见着困难问题，东一个主意，西一个主意，挤上来，涌上来，请求你录用。读书是过去智识学问经验的记录，而智识学问经验就要用在这时候，所谓养军千日，用在一朝。否则，学问一些都没有，遇到困难就要糊涂起来。例如达尔文把生物变迁现象研究了几十年，却想不出一个原则去整统他的材料。后来无意中看到马尔萨斯的人口论，说人口是按照几何学级数一倍一倍的增加，粮食是按照数学级数增加，达尔文研究了这原则，忽然触机，就把这原则应用到生物学上去，创了"物竞天择"的学说。读了经济学的书，可以得着一个解决生物学上的困难问题，这便是读书的功用，古人说"开卷有益"，正是此意。读书不是单为文凭功名，只因为书中可以供给学问智识，可以帮助我们解决困难，可以帮助我们思想。又譬如从前的人以为地球是世界的中心，后来天文学家科白尼却主张太阳是世界的中心，地球绕着而行。据罗素说，科白尼所以这样的解说，是因为希腊人已经讲过这句话；假使希腊没有这句话，恐怕更不容易有人敢说这句话吧。这也是读书的好处。有一家书店印了一部旧小说叫做《醒世姻缘》，要我作序。这部书是西周生所著的，印好后在我家藏了六年，我还不曾考出西周生是谁。这部小说讲到婚姻问题，其内容是这样：有个好老婆，不知何故，后来忽然变坏，作者没有提及解决方法，也没有想到可以离婚，只说是前世作孽，因为在前世男虐待女，女就投生换样子，压迫者变为被压迫者。这种前世作孽，起先相爱，后来忽变的故事，我仿佛什么地方看见过。后来忽然想起《聊斋》一书中有一篇和这相类似的笔记，也是说到一个女子，起先怎样爱着她的丈夫，后来怎样变为凶太太，便想到这部小说大约是蒲留仙或是蒲留仙的朋友做的。去年我看到一本杂记，也说是蒲留仙做的，不过没有多大证据。今年我在北京，才找到了证据。这一件事可以解释刚才我所说的第二点，就是读书可以帮助读书，同时也可以解释第三点，就是读书可以供给出主意的来源。当初若是没有主意，到了逢着困难时便要手足无措，所以读书可以解决问题，就是军事、政治、财政、思想等问题，也都可以解决，这就是读书的用处。

我有一位朋友，有一次傍着灯看小说，洋灯装有油，但是不亮，因为灯芯短了。于是他想到《伊索寓言》里有一篇故事，说是一只老鸦要喝瓶中的水，因为瓶太小，得不到水，它就衔石投瓶中，水乃上来。这位朋友是懂得化学的，于是加水于灯中，油乃碰到灯芯。这是看《伊索寓言》给他看小说的帮助。读书好像用兵，养兵求其能用，否则即使坐拥十万二十万的大兵也没有用处，难道只好等他们"兵变"吗？

至于"读什么书"，下次陈钟凡先生要讲演，今天我也附带的讲一讲。我从五岁起到了四十岁，读了三十五年的书。我可以很诚恳的说，中国旧籍是经不起读的。中国有五千年文化，"四部"的书已是汗牛充栋。究竟有几部书应该读，我也曾经想过。其中有条理有系统的精心结构之作，二千五百年以来恐怕只有半打。"集"是杂货店，"史"和"子"还是杂货店。至于"经"，也只是杂货店，讲到内容，可以说没有一些东西可以给我们改进道德增进智识的帮助的。中国书不够读，我们要另开生活，辟殖民地，这条生路，就是每一个少年人必须至少要精通一种外国文字。读外国语要读到有乐而无苦，能做到这地步，书中便有无穷乐趣。希望大家不要怕读书，起初的确要查阅字典，但假使能下一年苦功，继续不断做去，那么，在一二年中定可开辟一个乐园，还只怕求知的欲望太大，来不及读呢。我总算是老大哥，今天我就根据我过去三十五年读书的经验，给你们这一个临别的忠告。

读书的习惯重于方法

读书会进行的步骤，也可以说是采取的方式大概不外三种：

第一种是大家共同选定一本书来读，然后互相交换自己的心得及感想。

第二种是由下往上的自动方式，就是先由会员共同选定某一个专题，限定范围，再由指导者按此范围拟定详细节目，指定参考书籍。每人须于一定期限内作成报告。

第三种是先由导师拟定许多题目，再由各会员任意选定。研究完毕后写成报告。

至于读书的方法我已经讲了十多年，不过在目前我觉到读书全凭先养成好读书的习惯。读书无捷径，是没有什么简便省力的方法可言的。读书的习惯可分为三点：一是勤，二是慎，三是谦。

勤苦耐劳是成功的基础，做学问更不能欺己欺人，所以非勤不可。

其次，谨慎小心也是很需要的，清代的汉学家著名的如高邮王氏父子、段茂堂等的成功，都是遇事不肯轻易放过，旁人看不见的自己便可看见了。如今的放大几千万倍的显微镜，也不过想把从前看不见的东西现在都看见罢了。谦就是态度的谦虚，自己万不可先存一点成见，总要不分地域门户，一概虚心的加以考察后，再决定取舍。这三点都是很要紧的。

其次，还有个买书的习惯也是必要的，闲时可多往书摊上逛逛，无论什么书都要去摸一摸，你的兴趣就是凭你伸手乱摸后才知道的。图书馆里虽有许多的书供你参考，然而这是不够的。因为你想往上圈画一下都不能，更不能随便的批写。所以至少像对于自己所学的有关的几本必备书籍，无论如何，就是少买一双皮鞋，这些书是非买不可的。

青年人要读书，不必先谈方法，要紧的是先养成好读书、好买书的习惯。

一个最低限度的国学书目

这个书目是我答应清华学校胡君敦元等四个人拟的。他们都是将要往外国留学的少年，很想在短时期中得着国故学的常识。所以我拟这个书目的时候，并不为国学有根柢的人设想，只为普通青年人想得一点系统的国学知识的人设想。这是我要声明的第一点。

这虽是一个书目，却也是一个法门。这个法门可以叫做"历史的国学研究法"。这四五年来，我不知收到多少青年朋友询问"治国学有何门径"的信。我起初也学着老前辈们的派头，劝人从"小学"入手，劝人先通音韵训诂。我近来忏悔了！那种话是为专家说的，不是为初学人说的；是学者装门面的话，不是教育家引人入胜的法子。音韵训诂之学自身还不曾整理出个头绪系统来，如何可作初学人的入手工夫？十几年的经验使我不能不承认音韵训诂之学只可以作"学者"的工具，而不是"初学"的门径。老实说来，国学在今日还没有门径可说；那些国学有成绩的人大都是下死工夫笨干出来的。死工夫固是重要，但究竟不是初学的门径。对初学人说法，须先引起他的真兴趣，他然后肯下死工夫。在这个没有门径的时候，我曾想出一个下手方法来：就是用历史的线索做我们的天然系统，用这个天然继续演进的顺序做我们治国学的历程。这个书目便是依着这个观念做的。这个书目的顺序便是下手的法门。这是我要声明的第二点。

这个书目不单是为私人用的，还可以供一切中小学校图书馆及地方公共图书馆之用。所以每部书之下，如有最易得的版本，皆为注出。

（一）工具之部

《书目举要》（周贞亮，李之鼎）南城宜秋馆本。这是书目的书目。

《书目答问》（张之洞）刻本甚多，近上海朝记书庄有石印"增辑本"，最易得。

《四库全书总目提要》，附存目录，广东图书馆刻本，又点石斋石印本最方便。

《汇刻书目》（顾修）顾氏原本已不适用，当用朱氏增订本，或上海、北京书店翻印本，北京有益堂翻本最廉。

《续汇刻书目》（罗振玉）双鱼堂刻本。

《史姓韵编》（汪辉祖）刻本稍贵，石印本有两种。此为《二十四史》的人名索引，最不可少。

《中国人名大辞典》（商务印书馆）。

《历代名人年谱》（吴荣光）北京晋华书局新印本。

《世界大事年表》（傅运森）商务印书馆。

《历代地理韵编》，《清代舆地韵编》（李兆洛）广东图书馆本，又坊刻《李氏五种》本。

《历代纪元编》（六承如）《李氏五种》本。

《经籍纂诂》（阮元等）点石斋石印本可用。读古书者，于寻常字典外，应备此书。

《经传释词》（王引之）通行本。

《佛学大辞典》（丁福保等译编）上海医学书局。

（二）思想史之部

《中国哲学史大纲》上卷（胡适）商务印书馆。

二十二子：《老子》、《庄子》、《管子》、《列子》、《墨子》、《荀子》、《尸子》、《孙子》、《孔子集语》、《晏子春秋》、《吕氏春秋》、《贾谊新书》、《春秋繁露》、《扬子法言》、《文子缵义》、《黄帝内经》、《竹书纪年》、《商君书》、《韩非子》、《淮南子》、《文中子》、《山海经》浙江公立图书馆（即浙江书局）刻本。上海有铅印本亦尚可用。汇刻子书，以此部为最佳。

《四书》（《论语》、《大学》、《中庸》、《孟子》）最好先看白文，或用朱熹集注本。

《墨子间诂》（孙诒让）原刻本，商务印书馆影印本。

《庄子集释》（郭庆藩）原刻本，石印本。

《荀子集注》（王先谦）原刻本，石印本。

《淮南鸿烈集解》（刘文典）商务印书馆出版。

《春秋繁露义证》（苏舆）原刻本。

《周礼》通行本。

《论衡》（王充）通津草堂本（商务印书馆影印）；湖北崇文书局本。

《抱朴子》（葛洪）平津馆丛书本最佳，亦有单行的；湖北崇文

215

书局本。

《四十二章经》金陵刻经处本。以下略举佛教书。

《佛遗教经》同上。

《异部宗轮论述记》（窥基）江西刻经处本。

《大方广佛华严经》（东晋译本）金陵刻经处。

《妙法莲华经》（鸠摩罗什译）同上。

《般若纲要》（葛嶭）《大般若经》太繁，看此书很够了。扬州藏经院本。

《般若波罗密多心经》（玄奘译）

《金刚般若波罗密经》（鸠摩罗什译，菩提流支译，真谛译）以上两书，流通本最多。

《阿弥陀经》（鸠摩罗什译）此书译本与版本皆极多，金陵刻经处有《阿弥陀经要解》（智旭）最便。

《大方广圆觉了义经》（即《圆觉经》）（佛陀多罗译）金陵刻经处白文本最好。

《十二门论》（鸠摩罗什译）金陵刻经处本。

《中论》（同上）扬州藏经院本。

以上两种，为三论宗"三论"之二。

《三论玄义》（隋吉藏撰）金陵刻经处本。

《大乘起信论》（伪书）此虽是伪书，然影响甚大。版本甚多，金陵刻经处有沙门真界纂注本颇便用。

《大乘起信论考证》（梁启超）此书介绍日本学者考订佛书真伪的方法，甚有益。商务印书馆将出版。

《小止观》（一名《童蒙止观》，智𫖮撰）天台宗之书不易读，此书最便初学。金陵刻经处本。

《相宗八要直解》（智旭直解）金陵刻经处本。

《因明入正理论疏》（窥基疏）金陵刻经处本。

《大慈恩寺三藏法师传》（慧立撰）玄奘为中国佛教史上第一伟大人物，此传为中国传记文学之大名著。常州天宁寺本。

《华严原人论》（宗密撰）有正书局有合解本，价最廉。

《坛经》（法海录）流通本甚多。

《古尊宿语录》此为禅宗极重要之书，坊间现尚无单行刻本。

《大藏经》缩刷本腾字四至六。

《宏明集》（梁僧集）此书可考见佛教在晋、宋、齐、梁士大夫间的情形。金陵刻经处本。

《韩昌黎集》（韩愈）坊间流通本甚多。

《李文公集》（李翱）《三唐人集》本。

《柳河东集》（柳宗元）通行本。

《宋元学案》（黄宗羲，全祖望等）冯云濠刻本，何绍基刻本，光绪五年长沙重印本。坊间石印本不佳。

《明儒学案》（黄宗羲）莫晋刻本最佳。坊间通行有江西本，不佳。

以上两书，保存原料不少，为宋、明哲学最重要又最方便之书。此下所列，乃是补充这两书之缺陷，或是提出几部不可不备的专家集子。

《直讲李先生集》（李觏）商务印书馆印本。

《王临川集》（王安石）通行本。商务印书馆影印本。

《二程全书》（程颢、程颐）六安涂氏刻本。

《朱子全书》（朱熹）六安涂氏刻本；商务印书馆影印本。

《朱子年谱》（王懋）广东图书馆本，湖北书局本。此书为研究朱子最不可少之书。

《陆象山全集》（陆九渊）上海江左书林铅印本很可用。

《陈龙川全集》（陈亮）通行本。

《叶水心全集》（叶适）通行本。

《王文成公全书》（王守仁）浙江图书馆本。

《困知记》（罗钦顺）嘉庆四年翻明刻本。正谊堂本。

《王心斋先生全集》（王艮）近年东台袁氏编订排印本最好，上海国学保存会寄售。

《罗文恭公全集》（罗洪先）雍正间刻本。《四库全书》本与此本同。

《胡子衡齐》（胡直）此书为明代哲学中一部最有条理又最有精彩之书。《豫章丛书》本。

《高子遗书》（高攀龙）无锡刻本。

《学通辨》（陈建）正谊堂本。

《正谊堂全书》（张伯行编）这部丛书搜集程朱一系的书最多，欲研究"正统派"的哲学的，应备一部。全书六百七十余卷，价约三十元。初刻本已不可得，现行者为同治间初刻本。

《清代学术概论》（梁启超）商务印书馆。

《日知录》（顾炎武）用黄汝成《集释》本。通行本。

《明夷待访录》（黄宗羲）单行本。扫叶山房《梨洲遗著汇刊》本。

《张子正蒙注》（王夫之）《船山遗书》本。

《思问录内外篇》（王夫之）同上。

《俟解》一卷，《噩梦》一卷（王夫之）同上。

《颜李遗书》（颜元，李）《畿辅丛书》本可用。北京四存学会增补全书本。

《费氏遗书》（费密）成都唐氏刻本。（北京大学出版部寄售）

《孟子字义疏证》（戴震）《戴氏遗书》本。国学保存会有铅印本，但已卖缺了。

《章氏遗书》（章学诚）浙江图书馆排印本，上海刘翰怡新刻全书本。

《章实斋年谱》（胡适）商务印书馆出版。

《崔东壁遗书》（崔述）道光四年陈履和刻本；《畿辅丛书》本只有《考信录》，亦可够用了。全书现由亚东图书馆重印，不久可出版。

《汉学商兑》（方东树）此书无甚价值，但可考见当日汉宋学之争。单行本，朱氏《槐庐丛书》本。

《汉学师承记》（江藩）通行本，附《宋学师承记》。

《新学伪经考》（康有为）光绪辛卯初印本；新刻本只增一序。

《史记探原》（崔适）初刻本；北京大学出版部排印本。

《章氏丛书》（章炳麟）康宝忠等排印本；浙江图书馆刻本。

（三）文学史之部

《诗经集传》（朱熹）通行本。

《诗经通论》（姚际恒）闻商务印书馆将重印。

《诗本谊》（龚橙）浙江图书馆《半广丛书》本。

《诗经原始》（方玉润）闻商务印书馆不久将有重印本。

《诗毛氏传疏》（陈奂）《清经解续编》卷七百七十八以下。

《檀弓》、《礼记》第二篇。

《春秋左氏传》通行本。

《战国策》商务印书馆有铅印补注本。

《楚辞集注》，附《辨证后语》（朱熹）通行本；扫叶山房有石印本。

《全上古三代秦汉三国六朝文》（严可均编）广雅局本。此书搜集最富，远胜于张溥的《汉魏六朝百三家集》。

《全汉三国晋南北朝诗》（丁福保编）上海医学书局出版。

《古文苑》（章樵注）江苏书局本。

《续古文苑》（孙星衍编）江苏书局本。

《文选》（萧统编）上海会文堂有石印胡刻李善注本最方便。

《文心雕龙》（刘勰）原刻本；通行本。

《乐府诗集》（郭茂倩编）湖北书局刻本。

《唐文粹》（姚铉编）江苏书局本。

《唐文粹补遗》（郭麟编）同上。

《全唐诗》（康熙朝编）扬州原刻本，广州本，石印本，五代词亦在此中。

《宋文鉴》（吕祖谦编）江苏书局本。

《南宋文范》（庄仲方编）同上。

《南宋文录》（董兆兆编）同上。

《宋诗抄》（吕留良、吴之振等编）商务印书馆本。

《宋诗抄补》（管庭芬等编）商务印书馆本。

《宋六十家词》（毛晋编）汲古阁本，广州刊本，上海博古斋石印本。

《四印斋王氏所刻宋元人词》（王鹏运编刻）原刻本，板存北京南阳山房。

《疆所刻词》（朱祖谋编刻）原刻本。王、朱两位刻的词集都很精，这是近人对于文学史料上的大贡献。

《太平乐府》（杨朝英编）《四部丛刊》本。

《阳春白雪》（杨朝英编）南陵徐氏《随庵丛书》本。

以上两种为金元人曲子的选本。

《董解元弦索西厢》（董解元）刘世衍暖红室汇刻传奇本。

《元曲选一百种》（臧晋叔编）商务印书馆有影印本。

《金文最》（张金吾编）江苏书局本。

《元文类》（苏天爵编）同上。

《宋元戏曲史》（王国维）商务印书馆本。

《京本通俗小说》这是七种南宋的话本小说，上海隐庐《烟画东堂小品》本。

《宣和遗事》《士礼居丛书》本；商务印书馆有排印本。

《五代史平话》残本 董康刻本。

《明文在》（薛熙编）江苏书局本。

《列朝诗集》（钱谦益编）国学保存会排印本。

《明诗综》（朱彝尊编）原刻本。

《六十种曲》（毛晋编刻）汲古阁本。此书善本已不易得。

《盛明杂剧》（沈泰编）董康刻本。

《暖红室汇刻传奇》（刘世珩编刻）原刻本。

《笠翁十二种曲》（李渔）原刻巾箱本。

《九种曲》（蒋士铨）原刻本。

《桃花扇》（孔尚任）通行本。

《长生殿》（洪升）通行本。

清代戏曲多不胜举；故举李、蒋两集，孔、洪两种历史戏，作几个例而已。

《曲苑》上海古书流通处编印本。此书汇集关于戏曲的书十四种，中如焦循《剧说》，如梁辰鱼《江东白苎》，皆不易得。石印本价亦廉，故存之。

《缀白裘》这是一部传奇选本，虽多是零篇，但明末清初的戏曲名著都有代表的部分存在此中。在戏曲总集中，这也是一部重要书了。通行本。

《曲录》（王国维）《晨风阁丛书》本。

《湖海文传》（王昶编）所选都是清朝极盛时代的文章，最可代表清朝"学者的文人"的文学。原刻本。

《湖海诗传》（王昶编）原刻本。

《鲒埼亭集》（全祖望）借树山房本。

《惜抱轩文集》（姚鼐）通行本。

《大云山房文稿》（恽敬）四川刻本，南昌刻本。

《文史通义》（章学诚）贵阳刻本，浙江局本，铅印本。

《龚定庵全集》（龚自珍）万本书堂刻本。国学扶轮社本。

《曾文正公文集》（曾国藩）《曾文正全集》本。

清代古文专集，不易选择，我经过很久的考虑，选出全，姚，恽，章，龚，曾六家来作例。

《吴梅村诗》（吴伟业）《梅村家藏稿》（董康刻本，商务印书馆影印本）本，无注；此外有靳荣藩《吴诗集览》本，有吴翌凤《梅村诗集笺注》本。

《瓯北诗钞》（赵翼）《瓯北全集》本，单行本。

《两当轩诗钞》（黄景仁）光绪二年重刻本。

《巢经巢诗钞》（郑珍）贵州刻本；北京有翻刻本，颇有误字。

《秋蟪吟馆诗钞》（金和）铅印全本；家刻本略有删减。

《人境庐诗钞》（黄遵宪）日本铅印本。

清代诗也很难选择。我选梅村代表初期，瓯北与仲则代表乾隆一期；郑子尹与金亚匏代表道、咸、同三期；黄公度代表末年的过渡时期。

明、清两朝小说：

《水浒传》亚东图书馆三版本。

《西游记》（吴承恩）亚东图书馆再版本。

《三国志》亚东图书馆本。

《儒林外史》（吴敬梓）亚东图书馆四版本。

《红楼梦》（曹）亚东图书馆三版本。

《水浒后传》（陈忱，自署古宋遗民）此书借宋徽、钦二帝事来写明末遗民的感慨，是一部极有意义的小说。亚东图书馆《水浒续集》本。

《镜花缘》（李汝珍）此书虽有"掉书袋"的毛病，但全篇为女子争平等的待遇，确是一部很难得的书。亚东图书馆本。

以上各种，均有胡适的考证或序，搜集了文学史的材料不少。

《今古奇观》，通行本。可代表明代的短篇。

《三侠五义》此书后经俞樾修改，改名《七侠五义》。此书可代表北方的义侠小说。旧刻本，《七侠五义》流通本较多。亚东图书馆不久将有重印本。

《儿女英雄传》（文康）蜚英馆石印本最佳；流通本甚多。

《九命奇冤》（吴沃尧）广智书局铅印本。

《恨海》（吴沃尧）通行本甚多。

《老残游记》（刘鹗）商务印书馆铅印本。

以上略举十三种，代表四五百年的小说。

《五十年来的中国文学》（胡适）本书卷二。

（跋）文学史一部，注重总集：无总集的时代，或总集不能包括的文人，始举别集。因为文集太多，不易收买，尤不易遍览，故为初学人及小图书馆计，皆宜先从总集下手。

巴金：

回忆曾经读过的书

燃烧的心

高尔基的作品在中国有上千上万的读者，可是对他的作品，每个读者都有自己的看法，感受不一定相同。然而谁也躲不开他那颗"燃烧的心"的逼人的光芒。我翻译他的早期作品的时候，刚刚开始写短篇小说，我那个时期的创作里就有他的影响。所以二十年前得到他逝世的消息，我除了悲痛外，还有一种失望的感觉：作为读者，作为"初学写作者"，我有许多话要对他说，可是我永远失掉跟他见面的机会了。

我特别喜欢高尔基的短篇小说，不管在他早年的或者后期的作品中，我都清清楚楚地感觉到作者的心跟读者的心贴得非常近，作者怀着真诚的善意在跟读者讲话。读者会喜欢他，把他当作一个真诚的朋友，因为他的作品帮助读者了解生活，了解人，它们还鼓舞读者热爱生活，热爱人。在他的每一篇作品里，读者感染到作者的十分鲜明的爱憎。

我自己确实有这样的感觉：高尔基的每一篇作品里都贯串着作者的人格。他写了不少用第一人称叙述故事的体裁的小说。小说中的"我"并不一定是他自己。可是我每读完他的一篇作品，我就好像看见作者本人站在我的面前。他的人物喜欢发议论，可是他本人并不说教，他让你感染到他的强烈的爱和恨，他让你看见血淋淋的现实生活，最后他用他人格的力量逼着你思考，逼着你正视现实。他就像他的《草原故事》中的英雄丹柯一样，高举着自己的"燃烧的心"领导人们前进。

在作家中间有着各种不同的人，有些人写出好文章，却不让读者看见自己；有些人装腔作势地在撒谎；有些人用花言巧语把读者引入陷阱。但是有更多的人，严肃地在创作的道路上追求真理。至于高尔基呢，他带着不可制服的锐气与力量走进文学界，把俄罗斯大草原的健康气息带给世界各国的读者。在列夫·托尔斯泰以后再没有一个俄国作家像高尔基那样地激动全世界的良心，也没有一个苏联作家像高尔基那样地得到全世界一致的尊敬。连他的"流浪汉"和"讨饭的"也抓住了资产阶级批评家的心，不管你喜欢不喜欢，你不能够掉转身把背朝着作者，因为他正在凝神地望着你，他的"燃烧的心"一直在发射正义的光芒。

高尔基的生活面很广，他徒步走遍了半个俄罗斯，他干过各种各样当时一般人认为卑下的职业，他亲身经历过当时贫苦人们所身受的痛苦和压迫。他深深了解人们的痛苦，而且看出了这些痛苦的根源。他作为被压迫阶级的代言人，昂然走进文坛，他受过多少次黑暗势力的迫害，可是他的控诉和抗议的声音越来越响亮，越来有力。他不仅把他一生的精力贡献给人类解放的事业，他甚至把他文学方面的收入也用来帮助革命运动的发展。在他从事文学事业的几十年中间，他一直是一个万人景仰的巨大的存在。他的每一篇作品在反对旧制度的斗争中都起了战斗的作用，在培养新人的成长中都起了教育的作用。

一定有人不赞成我的看法。他也许在高尔基的一些早期作品中没有找到正面人物或者学习榜样，就低估那些作品的教育意义。我随便举一个例子，他可能认为《草原上》里的"兵"或《阿尔希普爷爷和廖恩卡》里的祖父和孙子不是正面人物，不能吸引读者，也值不得人同情。我不知道别人怎样看，我自己翻译这两个短篇的时候，我很难抑制我心里的激动。我关心廖恩卡和他爷爷的命运，我喜欢那个在草原上流浪的"兵"。小说中的人物一直在我的脑子里活动，我不能够摆脱他们。我闭上眼睛就看见流浪汉满身有劲地在草原上大步前进，讨饭的爷爷慈爱地抚摸孙子的脑袋。平凡人的命运竟然有如此震撼人心的力量！高尔基的艺术技巧是跟他的人格的力量分不开的。作者在他的每一篇作品里都高高地举起他那颗"燃烧的心"。我们大家都了解这样的说法：做一个好作家也必须做一个好人；做一个伟大的作家也必须做一个伟大的人。伟大的作家高尔基大声疾呼地在控诉：旧社会的罪恶逼着阿尔希普和他的孙子走向死亡！在这里，作者的爱憎是多么地鲜明。的确，我越读高尔基的小说，就越觉得人和生活都值得我们热爱，也越觉得自己应当献出一切力量来改变生活，使生活变得可爱，使人们不再受苦。高尔基即使把受苦的图画展开给我们看，我们也看得见那一根贯串整个画面的爱的红线。人们在受苦中相爱，互相同情，人们在受苦中保持着生活的勇气，人们在受苦中互相帮助、支持，共同前进。哪怕作者在《草原上》的最后写上一句"我们大家都一样地是——禽兽"，然而说这句话的"流浪汉"就是一个"善良的……家伙"，而且充满着对人们的同情。谁读了《因为烦闷无聊》，不同情麻子厨娘阿利娜呢？谁不愿意让她活下去，让她得到幸福呢？

不会有人讨厌小说或剧本中常有的一句话："活着是多么地好"，或者"多么美"，或者"多么幸福"。可是这所谓"好"，所谓"美"，所谓"幸福"，绝不是指"享受"美好的生活，而是指"有机会发挥和贡献自己力量创造或者帮忙创造美好的生活"。高尔基的短篇小说带给读者的正是这样一种感情。不必提爱自由胜过一切的茨冈左巴尔，为同胞挖出自己的心的勇士丹柯，到死也要飞上天空的苍鹰，就是那个在秋夜里给人赶出来的娜达霞，给自己写情书的杰瑞莎，为父母牺牲、自己跑到马蹄下去的小孩科留沙……也用他们那种任何黑暗势力所摧毁不了的爱的力量增加我们生活的勇气，鼓舞我们勇敢地投入生活的斗争。

我的这些解释也许是多余的。高尔基的作品里并没有一点晦涩的东西。别的读者的收获不一定就跟我的收获不同吧。其实谈到高尔基的短篇，甚至谈到高尔基的一切作品，我觉得用一句话就够了。这是他自己的话，这是他在小说《读者》中对一个陌生读者的回答："一般人都承认文学的目的是要使人变得更好"。

的确，在任何时候读高尔基的任何作品都会使人变得更好。每一个高尔基的读者，在他的作品中都会看到他那颗"燃烧的心"，而且从那颗心得到温暖，得到勇气——生活的勇气和改善生活的勇气。

229

关于《复活》

病中，有时我感到寂寞，无法排遣，只好求救于书本。可是捧着书总觉得十分沉重，勉强念了一页就疲乏不堪，一本《托尔斯泰：人、作家和改革者》念了大半年还不到一半。书是法国世界语者维克多·勒布朗写的。这是作者的回忆录。作者是托尔斯泰的信徒、朋友和秘书。一九〇〇年他第一次到雅斯纳雅·波良纳探望托尔斯泰的时候，才只十八岁，在这之前他已和老人通过信。在这里他见到那个比他年长四十岁的狂热的女信徒玛利雅·席米特，是老人带他到村子里去看她的。书中有这样一段话：

晚饭很快地吃完了，我们走进隔壁的小房间。

不曾油漆的小桌非常干净，桌上竖着托尔斯泰的油画小肖像，看得出是高手画的。……

靠墙放着一张小床，收拾得整整齐齐。

"你看，他们把《复活》弄成什么样了！"她说，拿给我莫斯科的新版本，书中夹满了写了字的纸条。"审查删掉四百九十处。有几章完全给删除了。那是最重要的，道德最高的地方！"

我说："我们在《田地》上读到的《复活》就是这样！"

她说："不仅在《田地》上。最可怕的是在国外没有一个地方发表《复活》时不给删削。英国人删去所谓'骇人听闻'的地方；法国人删去反对兵役的地方；德国人除了这一点外还删掉反对德皇的地方。除了契尔特科夫在伦敦出版的英文本和俄文本以外，就没有一个忠实的版本！"

我说："可惜我没有充足的时间。我倒想把那些删掉的地方全抄下来。"

她说："啊，我会寄给你。把你的通讯处留给我。我已经改好了十本。……以后我会陆续寄新的给你。"……

引文就到这里为止。短短的一段话引起了我的一些回忆，一些想法。

一九三五年我在日本东京中华青年会楼上宿舍住了几个月，有时间读书，也喜欢读书。我读过几本列夫·托尔斯泰的传记，对老人写《复活》的经过情况很感兴趣，保留着深刻的印象。五十年过去了，有些事情在我的记忆中并未模糊，我把它们写下来。手边没有别的书，要是回忆错了，以后更正。

托尔斯泰晚年笃信宗教，甚至把写小说看成罪恶，他认为写农民识字课本和宣传宗教的小册子比写小说更有意义。他创作《复活》是为了帮助高加索的托尔斯泰信徒"灵魂战士"移民到加拿大。过去在沙俄有不少的"托尔斯泰主义者"，"灵魂战士"[①]（或译为"非灵派教徒"）是其中之一，他们因信仰托尔斯泰的主张不肯服兵役，受到政府迫害，后来经过国际舆论呼吁，他们得到许可移民加拿大，只是路费不够，难于成行。于是有人向托尔斯泰建议，书店老板也来接洽，要他写一部长篇小说用稿费支援他的信徒。老人过去有过写《复活》的打算，后来因为对艺术的看法有了改变，搁下了。这时为了帮助别人就答应下来。书店老板还建议在世界各大报刊上面同时连载小说的译文。事情谈妥，书店老板预付了稿费，"灵魂战士"顺利地动身去加拿大，托尔斯泰开始了小说的创作。据说老人每天去法院、监狱……访问，做调查。小说揭露了沙俄司法制度的腐败，聂赫留朵夫公爵的见闻都来自现实的生活。

小说一八九九年三月起在《田地》上连载，接着陆续分册出版。《田地》是当时流行的一种有图片的周报。每月还赠送文学和通俗科学的附刊。《复活》发表前要送审查机关审查，正如席米特所说，删削的地方很多，连英、法、德等国发表的译文也不完全，只有契尔特科夫在伦敦印行的英、俄两种版本保持了原作的本来面目。但它们无法在帝俄境内公开发卖，人们只能设法偷偷带进俄国。

---

① "灵魂战士"：或译为"非灵派教徒"。——著者注

契尔特科夫也是托尔斯泰的一个热心的信徒（他原先是一个有钱的贵族军官），据说老人晚年很相信他，有些著作的出版权都交给了他。

维·勒布朗离开雅斯纳雅·波良纳后，拿着老人的介绍信，去匈牙利拜访杜先·玛科维次基医生。杜先大夫比勒布朗大二十岁，可是他们一见面就熟起来，成了好朋友。勒布朗在书中写道：

> 杜先一直到他移居托尔斯泰家中为止，多少年来从不间断地从匈牙利寄给我契尔特科夫在伦敦印售的《自由言论》出版物，包封得很严密，好像是信件，又像是照片。靠了他的帮助，靠了玛利雅·席米特的帮助，可恶的沙皇书报审查制度终于给打败了。

我不再翻译下去。我想引用一段《托尔斯泰评传》作者、苏联贝奇科夫的话："全书一百二十九章中最后未经删节歪曲而发表出来的总共不过二十五章。描写监狱教堂祈祷仪式和聂赫留朵夫探访托波罗夫情形的三章被整个删去。在其他章里删去了在思想方面至关重要的各节。小说整个第三部特别遭殃。第五章里删去了一切讲到聂赫留朵夫对革命者的态度的地方。第十八章里删去了克里尔左夫讲述政府对革命者的迫害情形的话。直到一九三三年在《托尔斯泰全集》（纪念版，第三十二卷）中，才第一次完整地发表了《复活》的全文。"（吴钧燮译）以上的引文、回忆和叙述只想说明一件事情：像托尔斯泰那样大作家的作品，像《复活》那样的不朽名著，都曾经被审查官删削

233

得不像样子。这在当时是寻常的事情，《复活》还受到各国审查制度的"围剿"。但是任何一位审查官也没有能够改变作品的本来面目。《复活》还是托尔斯泰的《复活》。今天在苏联，在全世界发行的《复活》，都是未经删削的完全本。

我们还需要契诃夫

听见人提起安东·契诃夫的纪念，我就想到五十年前停在莫斯科火车站的绿色货车，车厢里放着契诃夫的灵柩。车皮上用大字写着"蠔"。丹青柯说：这是契诃夫的最后的一次幽默。高尔基说：这一次"庸俗"对我们的诗人报了仇，把他的遗体用运蠔的货车运到莫斯科。

据说契诃夫生前给一个医生朋友写过一封诙谐的信："我惋惜的是没有可以……把我吞掉的蠔。"他的仇敌"庸俗"真想把他吞掉，可是它没有那种力量。契诃夫的名字今天还放射着万丈光芒，而那种肮脏的绿色货车早已在他的国内绝迹了。

在这个时候我很想谈谈契诃夫。可是拿起笔，想了半天，我又觉得我知道他太少。契诃夫写了那么多篇短篇小说（还不提他的中篇、独幕剧和多幕剧），他的作品接触到的面又非常广，早在一九〇四年

235

就有人称他为"近二十年史的最有权威的历史家。"据说："社会学者单单根据契诃夫一个人的著作，也可以绘出（十九世纪）八十年代和九十年代的生活与其背景的一幅大画面。"因为契诃夫不仅写得多，而且他写得深，而且他写得真实。他留下来的是：十九世纪最后二十年的俄国社会的缩图（他描写得尤其出色的是当时的知识分子、中产阶级、没落的外省地主、小职员等等）。因此，在三十年前，我还不到二十岁的时候，我第一次接触到契诃夫的作品，我读过的不只一篇（那个时候他的短篇译成中文的为数也不少），我读来读去，始终弄不清楚作者讲些什么。我不能怪译者，本来要从译本了解契诃夫就不是一件容易的事，转述他的故事并不困难，难的是把作者那颗真正仁爱的心（高尔基称契诃夫的心为"真正仁爱的心"）适度地传达出来。要是译者没有那样的心，要是读者不能体会到那样的心，我们从译文里能得到什么呢？我在那个时候不能接受契诃夫的作品，唯一的原因是我不了解它们。这不是奇怪的事：一个年轻人第一次面对着茫茫大海，他什么也不会了解的。

以后我仍然常有机会接触到契诃夫的作品。于是又来了一个时期：我自以为我有点了解契诃夫了。可是读着他的小说，我感到非常难过。我读得越多，我越害怕读下去。我常常想：为什么那些人就顺从地听凭命运摆布，至多也不过唉声叹气，连一点反抗的举动也没有？我好像看见一些害小病的人整天躺在床上、闲谈诉苦、一事不做、等待死亡，我恨不得一下子把他们全拉起来。尽是些那样的人！尽是些那样的事！有时候我读得厌烦起来，害怕起来，我觉得一口气憋在肚子里头快要憋死我了，忍不住丢开书大叫一声。那个时候我已经开始写小说了，我也选择了这个职业。我的主人公常常是一些在学校内外的青年，他们明知道反抗会给自己带来更大的不幸，他们也要斗争到底。我的年轻主人公需要的是热情和行动。而这些东西我以为和契诃夫小说里的那种调子是不一样的。

从这里可以看出来当时我并没有了解契诃夫。有人把契诃夫看做一个厌世主义者，我当时或多或少也有这样的看法。我从 C. 嘉纳特的英译本读了契诃夫的大部分的作品，英译者并没有帮助我了解它们，更不用提热爱了。使我逐渐喜欢契诃夫作品的是我的长时期的生活。

现在我是一个契诃夫的热爱者。这是我读契诃夫作品的第三个时期了。我走过了长远的路才来到这里。我穿过了旧社会的"庸俗"、"虚伪"和"卑鄙"的层层包围才来到这里。我也曾跟那一切"庸俗"的势力斗争过， 在斗争中我更痛切地感觉到它们那种腐蚀人灵魂的力量，同时跟庸俗斗争了一生的作家契诃夫的面貌也更鲜明地在我眼前现出来，我也就更了解高尔基那几句话的意义："他嘲笑了它（庸俗），他用了一支锋利而冷静的笔描写了它，他能够随处发见庸俗的霉臭。"固然契诃夫写的是当时俄国社会的面目，可是在他笔下出现的人物也常常在我们中国社会出现。像姚尼奇、阿伦加、阿希尼叶夫、别里科夫、库希金、宁娜（名字太多了，我只能随便举几个），过去我们在哪一个地方没有碰到过？契诃夫开始写作的时候，俄国反动势力的凶恶、残暴正达到高峰，据说亚历山大二世统治的末期和亚历山大三世在位的十三年是十九世纪俄国史上最黑暗、阴惨的时期。因此在我们这里特别是旧社会开始崩溃、反动统治把人压得透不过气来的时候，我到处都发见契诃夫所谓的"霉臭"，到处都看见契诃夫笔下的人物，他们哭着，叹息着，苦笑着，奴隶似地向人乞怜，侥幸地过着苟安的日子，慢慢地跟着他们四周的一切崩溃下去，不想救出自己，更不想救别人。他们只是闲聊过去的美好的日子，或者畅谈将来的美满的生活。我跟这样的人在同一张饭桌上吃过饭，在同一个戏园里看过戏，在同一家商店里买过东西，在同一个客厅里谈过天。我们的那些资产阶级，那些知识分子，那些小市民……我跟他们接触越多，我研究他们越深，我越无法制止我的厌恶，我好多次带着责备的调子警告他们："你们不能够再像这样地生活下去。"在这些时候我不能不想到契诃夫，不能不爱契诃夫。我翻开他的著作，就好像看见他带着忧虑的微笑在对一些人讲话，我仿佛听到他那温和而诚恳的声音："太太、先生们，你们的生活是丑恶的！"贯穿契诃夫全部著作的就是这种忧虑，这种关心，这种警告，这都是从他那颗仁爱的心出来的。

契诃夫写那种人物，写那种生活，写那种心情，写那种气氛，不是出于爱好，而是出于憎厌；不是为了欣赏，而是为了揭露；不是在原谅，而且在鞭挞。他写出丑恶的生活只是为了要人知道必须改变生活方式。他本来是医生，医生的职责是跟疾病作斗争，医生的职责是治好病人。作为作家，他的武器就是他的笔，他的药方就是他的作品。一个人倘使相信疾病是不可战胜的，他就不会去念医学。契诃夫的主人公常常是厌世主义者，可是他本人绝不是，而且恰恰相反，他相信进步，他相信美好的生活是可能的，而且一定会实现的。有一次他给一个熟朋友写信，就明白地说："从做孩子的时候起我就相信进步，因为拿他们常常打我的时候跟他们不再打我的时候比起来，这中间的区别实在太大了。"

因此他不断地跟社会的一切疾病作斗争。对于庸俗的势力，对于不合理的制度和生活，对于一切丑恶、卑劣的东西，他不断地揭露，不断地嘲笑。他怜悯地然而严肃地警告人们：你们要不改变生活方式，就得灭亡。

时间证实了他的信仰。他战胜了他的仇敌。在他诞生的土地上应该灭亡的已经灭亡了，美好的新的生活也已经出现了。今天重读契诃夫留给我们的东西，我还感觉到他那颗仁爱的心在纸上跳动，我感觉到他的爱与憎。他的爱与憎引起了我的共鸣。这个伟大的小说家并没有死，好像他就坐在我面前，用他那温和的眼光望着我，带着忧郁的微笑说："告诉他们，这样不行啊！"

我们不会忘记他的警告。我们今天还需要他那支笔，因为在我们这里今天还不能说已经完全看不到在他笔下出现过的人物。但是这些人物也终于会像肮脏的绿色货车那样地绝迹的：他们不得不把地位完全让给新的一代人！

永远属于人民的两部巨著

一

　　今年世界各国人民怀着无限崇敬的心情纪念他们所热爱的两部伟大著作：《草叶集》和《堂·吉诃德》。三十几年前，中国的读者通过不完全的译本认识了这两部著作的不朽的价值。三十多年来中国报刊上陆续发表了介绍和研究它们的文章。郭沫若先生是惠特曼的爱好者和《草叶集》的最初的介绍者。林琴南在四十年前就翻译了《堂·吉诃德》的第一部。这两部著作出版的日期虽然相差两个半世纪，可是它们却有着相同的遭遇：它们出版以来一直到现在不断地受到本国统治阶级反动势力的迫害、诅咒和歪曲，它们的作者一生过着贫穷的生活，面对着来自各方面的攻击、责难和嘲骂。然而它们却在反动势力的"围剿"中放射出越来越强烈的夺目的光芒，冲破一重一重的障碍和封锁，终于成为全世界人民宝贵的文化遗产的一部分，被译成各种文字，拥有越来越众多的读者。今天它们不仅是为着自己美好前途奋斗的全体进步人类和为着和平、友好、团结奋斗的各国人民所喜爱的读物，它们对于正在向着社会主义前进的中国人民，也还有极大的鼓舞力量。

二

现在先来谈《草叶集》。

今年是美国大诗人瓦尔特·惠特曼的诗集《草叶集》出版的一百周年。

一八五五年印行的《草叶集》第一版只有十二首无题的诗，当时没有一个出版家愿意印这本书，作者只好自费出版，自己排版，自己印刷。印出来的书没法传到读者的手中，却遭到资产阶级报纸不断的谩骂。像"疯子"、"色情狂"、"杂草"、"垃圾"这一类不堪入耳的攻击，并不能阻止诗人继续写作。他始终没有失去信心。在第二年印行的第二版《草叶集》中，就有了三十二首长短诗篇。这部诗集差不多每五年重版一次，经过作者不断地增订、改写、重编，到一八九二年诗人去世的时候，它已经是包含将近四百首长短诗篇的光辉灿烂的大诗集了。

《草叶集》虽然一开始就受到侮辱和谩骂，但是它也曾得到人们热烈的赞美和拥护。例如惠特曼同时代的作家爱默生就非常喜欢它，说它有"鼓舞人、加强人信心的最好的优点"。有一个批评家述说："惠特曼是人类编年史中最高贵的人物"。

一百年来，《草叶集》的影响不断地扩大，越来越多地得到人民的喜爱。赞美的声音压倒了一切的谩骂和诅咒。到今天，它的光芒已经照遍全世界，它的声音已经达到了每一个角落，正像诗人在《自己的歌》中所预言的那样：

哪儿有地，哪儿有水，哪儿就长着草。

惠特曼在他唯一的诗集《草叶集》中开门见山地写道：

同志，这不是书，

谁接触它，就接触到人。

《草叶集》的确是跟诗人惠特曼的生活分不开的。

瓦尔特·惠特曼是一个木匠的儿子，他是一个"人民中间的人"，他自己认为这是值得骄傲的事。他于一八一九年生在美国纽约州长岛的项丁敦。他四岁的时候，全家搬到了纽约附近的布落克林①（当时是一个八千多居民的村庄）。他在那里念过五年小学，十一岁便到一家律师事务所当小杂役，第二年又到《长岛爱国者》报馆做排字学徒。在他的劳碌的一生中，他到处奔波，从事过好些职业。他做过排字工人，当过教师，做过木匠；他自己办过报，自己排字，自己印刷，自己骑着马到乡下去送报；他又做过新闻记者和报馆主笔；在美国内战期间，他在陆军医院当过三年护士，又在内务部当过小职员。这些时候，他一直在写诗。一八七三年他得了半身不遂症，从华盛顿迁到新杰西州坎姆顿②他弟弟乔治家里休养。他在那里过了将近二十年的隐居生活，最后穷困地死去，像他自己所歌唱的那样：

242

---

① 即布鲁克林。——编者注

② 现一般译为新泽西州卡姆登。——编者注

"把我自己遗赠给泥土，再从我所爱的草叶中生长出来。"

惠特曼诞生在资本主义正在美国发展的时期，他在一八九二年逝世的时候，美国已经成了资本主义的强国，站在帝国主义的门槛上了。在他的壮年时期，美国还是黑人奴隶制度的中心。美国的南部各州拥护黑人奴隶制度，在那里生产关系的落后是非常显著的，这种落后的生产关系严重地阻碍了国内生产力的发展。因此在当时美国人的面前就摆着下面一个具有历史意义的重大任务：结束南方奴隶主的统治，消灭对黑人的奴役。不用说，反对奴隶制度最坚决、最彻底的是美国的劳动人民。北部资产阶级最有势力的集团始终害怕对种植园主进行斗争，他们推行了"妥协"政策，这反而帮助了南部的奴隶主巩固了自己的地位。

但是"妥协"阻止不了社会的发展，解放黑人奴隶的南北战争终于爆发了。美国的工人、农民和手工业者担当了反对奴隶主斗争的主要力量。战争的结果是：奴隶制度被摧毁了。然而资产阶级夺去了胜利的果实。一八六五年四月美国的内战刚结束五天，发布解放黑奴宣言的美国总统林肯就被反动分子暗杀了。从此美国的资本主义得到迅速发展的机会，而且大踏步地走向帝国主义了。

惠特曼在这样的时期中生活了七十三年，他的作品忠实地、热情地反映了这个长时期中美国人民的生活与思想感情。当时发生的每一个重大事件在他的作品里都有反映。在他晚年发表的论文《民主的远景》中，他已经看到美国资产阶级所走的道路，而且提出严正的警告了。

惠特曼跟一般的美国劳动者一样，靠自己的两只手过活，靠自学提高自己的文化水平。他走遍了美国，熟悉美国的城市和乡村，

243

田野和树林，河流和山陵。他始终跟劳动人民在一起。他后来对他的朋友说："我常常觉得我多么幸福，因为我自己是在普通的大地上出现——跟自己作斗争——在人民群众中（而不是在小集团中）生活；因为我始终跟普通人民一起亲密地生活。说实在话，我不仅在这中间受教育，而且在这中间生长。"在人民中间生长起来的诗人惠特曼当然热爱生活，而且热情地投身在生活里面。他重视一切跟美国劳动人民的命运有关的社会事件和政治事件，毫无顾虑地参加进去，并且始终站在人民的一边。他拥护过"民主党"，可是他发现"民主党"并不代表人民利益的时候，他便拥护新成立的"自由土地党"（1847—1848），这是当时很大一部分农民和城市劳动者所支持的"自由土地者"的政党。惠特曼还担任了这个反对奴隶制度的政党①的报纸《布洛克林自由人》的编辑，一年多以后，"自由土地党"的领袖们同意在选举中和民主党联合行动，这种妥协政策使得他离开了报馆。美国发动对墨西哥战争的时候，惠特曼并没有马上看出这个战争的侵略性，可是他一旦认清楚了这个战争的性质，立刻在《布洛克林每日鹰报》上发表社论，要求："这个战争必须停止。"他后来终于因为在《布洛克林每日鹰报》上发表反对奴隶制度的文章被老板解除了主笔的职务。他在内务部工作的时候，又因为被发现是《草叶集》的作者而遭撤职。

　　他坚决地反对奴隶制度。美国内战爆发以后，他毫不迟疑地参加了主张释放黑奴的北部军队。他到过前线，后来又在华盛顿陆军医院服务，《草叶集》中的《鼓声集》就是在这个时期写成的。美国总统

---

① "自由土地党"反对在新并入美国的地区内允许奴隶制度的存在。——编者注

林肯被刺以后，惠特曼发表了好几首悼念这个反对奴隶制度的斗士的诗，在《啊，船长，我的船长啊！》中，他把美国比作一只船，把林肯比作"从可怕的旅程归来"的"胜利的船"的"船长"。

惠特曼不仅关心美国人民的命运，他还关心全世界劳动人民的命运。他始终密切地注意并且同情欧洲的革命运动。他写了许多歌颂欧洲革命的诗，他把一八七一年"巴黎公社"的起义看作自由浪涛的象征。通过他这一生，他是一个进步的民主主义理想的斗士。

惠特曼是一个非常独特的诗人，他用来表现自己思想感情的形式跟过去的诗体完全不同。他不仅尽量采用劳动人民的口语，他还把不少当时人们习用的外国字写入他的诗。那般习惯了传统的格律诗的人会把惠特曼的诗当作奇怪的散文，说它们无节奏、无韵律。惠特曼的确跟过去的诗人没有丝毫共同的地方，但是广大的读者却能够欣赏惠特曼的独特的复杂的韵律结构。作为一个诗人，惠特曼非常注意诗句的发音效果：他推敲韵律，选择能够最充分、最精确地表现他的思想感情的字眼。在他的诗里，他把诗人的最深、最真挚的感情传达给读者。

惠特曼喜欢在他的诗中写"自己"，而且一再指出他诗中的"我"或"惠特曼"只是一个普通人：积极、愉快、健康、活泼、豪迈、大度、正直、乐观……这都是他的主人公的特点。通过他的诗，我们看到了"人"的光辉的形象，我们听到了像这样的真可以使我们的血燃烧的句子：

245

我们活着，

我们鲜红的血液沸腾，

好像那消耗不尽的火焰。

惠特曼为了要表现美国劳动人民的思想感情和爱好自由的愿望，为了要从十九世纪美国现实生活的种种独特情况中去表现农民和城市劳动者，为了表现具有最重要意义的社会题材，为了使他的诗深入美国人民的心灵，把强有力的高尚的情感灌输给他们，他必须革新诗的表现方式。

他的诗的特色是语汇非常丰富，感情非常饱满，在他的诗里我们不断地看到生动、多采、鲜明的形象和画面，听到灵活的、充满生命力的语言，感到不屈不挠的战斗热情。

《草叶集》中最好的诗有《自己的歌》、《大斧的歌》和《大路的歌》等等。这些诗都充满着革命的乐观主义，充满着诗人对祖国和人民的热爱，对美国大自然的热爱。他的长诗《自己的歌》的最初的题目是《一个美国人瓦尔特·惠特曼的歌》。诗中的主人公其实就是一个普通美国人。他在这个形象中表现出正在准备为自由战斗的进步人民的愿望。在这首长诗中特别值得我们注意的是诗人对黑人的歌颂。他生动地描绘了黑人的"安静而庄严"的形象。第十章最后一节所描写的诗人对逃亡黑奴的接待和兄弟般的友爱不仅表现了种族平等的思想，而且也体现了美国人民为解放黑人而斗争的愿望，更可以说是诗人对奴隶制度和种族歧视的挑战。在《大斧的歌》中，他用最响亮的声音歌颂劳动，歌颂劳动人民的友爱和睦的家庭，并且把工人与农民所用的大斧当作民主的象征。在《大路的歌》中，他歌颂了劳动人民的健康生活，而且用燃烧着怒火的语言揭发了上流社会的虚伪、腐朽和绝望。

惠特曼自己说过："我这些歌不单是忠诚的歌，而且是反抗的歌。"的确，一切举起革命旗帜反抗不合理制度的人都会在惠特曼的诗里面找到同情和鼓舞。在一首题作《欧罗巴》的著名诗篇中，诗人满怀热情地颂赞了一八四八年的欧洲革命。尽管当时的革命遭到统治阶级反动势力的血腥镇压而失败了，但是诗人却坚决相信革命还会再起，自由还会回来。诗人对那些在战斗中牺牲的革命烈士表现了无限的尊敬：

> 为了自由被杀害的人的坟墓，没有一座不生出自由的种子，从这粒种子又生长出新的种子，
> 风把种子带到远方再播种，雨和雪养育着它。
> 脱掉躯壳的灵魂是暴君的武器赶不走的，
> 它仍然无声无形地在大地上踏着大步，低语着、商议着、警戒着。

根据着这种相信人民终于会胜利的坚强的信念，诗人勇敢地唱出来大家所熟悉的响亮的歌声：

自由啊！让别人对你失望吧，我永远不对你失望！

后来在一八五六年写的《给一个遭到挫折的欧洲革命者》中，惠特曼首先宣布他的信念："我是永远为着全世界每一个不屈不挠的反抗者歌唱的诗人。"然后他用热情的诗句鼓舞欧洲的革命人民：

> 那么勇敢吧！欧洲的男女革命者！
> 除非一切都停止了，你们就不能够停止。

正如惠特曼在他的手记中所说的："诗人是一个招募兵士的人，他击着鼓走在前面。"他的诗是鼓舞人民，唤起人民进行斗争的战歌。

惠特曼称自己为"过分赞美生活的人"。他把他的一首长诗称为《欢乐的歌》。其实不单是这首诗，差不多所有惠特曼的诗里面都浸透了生活会带来幸福的这个深刻的感觉。《草叶集》的每个读者打开这本美丽的书以后，读了几页就会感到一种非常坚定而且是惊人地真诚的乐观主义。惠特曼熟悉大自然，是大自然的卓越的歌手。他的诗篇中所表现的大自然都是像春天那样地引人喜爱，不管是鸟或花，都充满了欢乐的生气；他的人物浸透了欢乐的朝气勃勃的精神，他们热爱祖国的一草一木，欣赏海洋、山岭、草原上的空气、明媚的阳光。他们都有健康的身体，丰富的生命力，遇到困难的时候，他们不会垂头丧气，他们对于未来和自己的力量充满着信心。

惠特曼的杰作《草叶集》中贯穿着对民主和社会进步的热烈的追求，和对人类美好前途的坚强的信心。他的诗篇到今天还充满着无限的生气。我们今天摊开他的书，看到那些贡献出自己的血汗和智慧使大地美化的劳动人民的庄严的形象，看到使人类生活丰富的大自然的壮丽的景色，听到反抗社会压迫和种族歧视进行斗争的号召，听到人类友爱团结的祝望，听到赞美生活的欢乐的歌声，我们会深切地感到惠特曼并没有死去，他还活在我们中间，跟我们在一起，为着世界和平和社会进步奋斗。对于我们，《草叶集》永远保持着它们的鲜明的颜色和新鲜的气息，每一片草叶都像从前那样地青绿，每一句诗都使"我们鲜红的血液沸腾"。

三

现在再谈《堂·吉诃德》。

今年又是西班牙大小说家密盖尔·得·塞万提斯的长篇小说《堂·吉诃德》第一版出版的三百五十周年。

塞万提斯的《堂·吉诃德》不但是西班牙古典文学的最高峰，而且在世界文学的宝库中也占一个非常高的位置。这一部伟大的现实主义的作品，三百五十年来越来越深地打动人心。就是在今天，全世界千百万读者仍然怀着极大的兴趣阅读这部描写拉曼恰骑士的冒险事迹的、充满智慧与博爱精神的小说。在一般字典中，《堂·吉诃德》已经成为与单凭幻觉行动脱离现实的狂热家同意义的字了。

塞万提斯是一个乡下医生的儿子。一五四七年生在西班牙首都马德里附近阿尔卡拉·达·艾纳勒斯县。他是七个孩子中间的一个，自小就跟着父母到处流浪。他没法受到较高的教育，全靠自己勤苦自学，广泛地阅读书籍。

一五七一年塞万提斯参加了西班牙对土耳其的战争。在勒班多海战中，他英勇地扶病作战，战争胜利结束，土耳其舰队全军覆没，可是塞万提斯的左手却受了重伤，残废了。

塞万提斯残废以后并没有退伍，他甚至参加了一五七二年拉瓦列诺海战和第二年攻占突尼斯的战役。

一五七五年塞万提斯从拿波里坐船回西班牙。船快到西班牙海岸的时候，遭到土耳其船的袭击，他和其他的西班牙人全被俘掳到阿尔及尔去了。以后的五年中间他被卖作奴隶，过着痛苦、屈辱的生活。到一五八〇年，他靠了家属筹款和同乡商人的帮助，才能够回到他离开十年的祖国，在那里他开始了他的文学的生涯。他曾经写过小说和一些剧本，可是都没有得到成功。后来他为了糊口，又当过替政府收购麦、油、酒等等的采购员，却因为别人拐款潜逃，被判处徒刑。

三个月的牢狱生活使他更清楚地认识了西班牙的真实的生活。据说《堂·吉诃德》的一些情节，就是他在监牢里想出来的。

一六〇四年塞万提斯写成了《堂·吉诃德》的第一部。这本小说在第二年年初出版，在西班牙得到了很大的成功，第一版在几个星期里面就销完了，这一年中间还重版了四次。正如十年后出版的小说第二部中那个年轻学士山孙·卡拉斯科所说，"孩子们拿着它不忍释手，年轻人读它，成年人了解它，老年人称赞它。总之，各种各样的人是这样地喜爱它，只要看到一匹瘦马，大家马上就说：'这是洛稷南提'……"而且在作者生前，《堂·吉诃德》第一部的英文译本（1612）和法文译本（1614）就已经出版了。

以后，塞万提斯又发表了一些别的作品。《堂·吉诃德》第二部一直到一六一五年才出版，可是第二年作者就病故了。

文学上的声誉并没有给塞万提斯带来安乐的生活，却反而引起了反动集团对作者的憎恨。塞万提斯一生受尽了嘲笑、辱骂和毁谤。一六一四年出现了一本冒牌的《堂·吉诃德》第二部，作者的署名是：阿伦索·费尔南德斯·德·阿维南勒达。这是站在天主教教会和贵族的立场写的。接着就有一些"批评家"出来捧场。甚至在一百多年以后（1732），还有人把这本冒牌作品再版，并且在序文里说，塞万提斯抄袭了阿维南勒达，又说，假桑却比真桑却写得好。西班牙天主教教会是那样地憎恨塞万提斯，一六一六年四月二十三日塞万提斯在马德里逝世（英国的莎士比亚也死在这一天），教会甚至不许人给他立墓碑。一直到一八三五年马德里人民才给这个伟大的作家建立了一座纪念碑。

在十五世纪末，西班牙发现了美洲，接着在十六世纪初征服了墨西哥、秘鲁和玻利维亚，它的势力伸展到南美、中美和北美洲的南部，而且越过太平洋到达了菲律宾群岛，它的舰队又在世界各大海洋横行，因此它曾经一度进入了富强、繁荣的黄金时代。可是到了十六世纪末，新兴的殖民主义的竞争者出现了，西班牙因此参加了一系列的战争，弄得国库枯竭，农业和工商业衰败，封建社会秩序开始崩溃，封建政权为了维持它的统治，便加紧它对人民的剥削和镇压，天主教的宗教裁判所继续跟统治阶级互相勾结，掌握着对全国人民的生死大权，更广泛地进行残害人民的活动。西班牙人民，尤其是农民，在这种残暴的统治下，在封建地主（就是大贵族和天主教教会）的压迫和榨取下，过着贫困、悲惨的生活。

这就是塞万提斯亲眼看见的，也就是他在小说《堂·吉诃德》中所描写的西班牙。

在当时西班牙的书刊市场上，还有一个奇特的现象：在那里泛滥着歌颂为国王和封建领主效忠、为美人争取荣誉的骑士文学，它那种虚伪、荒唐的惊险情节和装腔作势的恋爱场面把不少的年轻人引上了迷途。

我们知道，"骑士"是中世纪欧洲封建制度的一种特殊产物。所谓骑士是一种不参加生产劳动，专门为国王或封建领主效忠的职业武士。他应当是一个英勇的战士，同时还得挑选一位美女作他的"理想的情人"，这个美女就成了他的生命的主宰与生活的目标。他甘愿冒危险斩龙杀虎、参加战争，甚至牺牲性命争取光荣来献给她。常常有两个骑士为了争论自己美女的美貌和德行，不惜战斗到死……当时的实际生活中早已没有这样的骑士了，可是荒唐怪诞的骑士文学还一直在西班牙和欧洲社会中流行。《堂·吉诃德》的最初七章就是对骑士

251

文学的露骨的讽刺。塞万提斯创作《堂·吉诃德》的一个动机可能是：消除这种文学在人民中间所产生的不好的影响，事实上他达到了这个目的。《堂·吉诃德》出版以后，西班牙就再没有出现过一部新的骑士文学作品了。然而这个并不是塞万提斯的主要目的。他的讽刺另有更重要的对象，还有更深的、更重大的意义。否则，塞万提斯绝不会受到反动集团的那样的憎恨，而他的小说也绝不会流传到今天了。我们都知道，小说《堂·吉诃德》中的丰富的世界是从堂·吉诃德带着桑却·判沙第二次出征以后开始的。这也就是作者的真正意图开始实现的地方。从此作者有机会发挥他的卓绝的天才和他对于西班牙社会的广博的知识了。

小说《堂·吉诃德》忠实地写出了当时的西班牙的整个面貌，也反映了西班牙社会生活中的矛盾，特别是广大人民（尤其是农民）和封建贵族中间的矛盾。小说反映了西班牙人民的思想感情，也提出了西班牙人民对封建政权的控诉。小说的内容是很严肃的。那无数荒唐的笑料中包含了作者的无限同情的眼泪。塞万提斯通过这个半疯狂的"堂·吉诃德"的形象，向西班牙的整个封建社会进行战斗。小说中的"磨坊风车"和"羊群"都是有所指的，盘剥农民的西欧企业主的磨坊和经营养羊业的豪门贵族的羊群不就是当时人民憎恨的对象吗？有些读者只看到半疯狂的"堂·吉诃德"，却没有想到在那个"游侠骑士"的背后，就站着头脑清醒的作者。（我常常想：疯狂、滑稽的形象和言行都只是外表。倘使堂·吉诃德不穿上一件滑稽可笑的铠甲，不干那些类似疯狂的傻事，那么塞万提斯早就给宗教裁判所抓去烧死了。）

《堂·吉诃德》的主人公堂·吉诃德是一个五十左右、又瘦又老的穷乡绅（有人说，他的相貌和作者的相貌相同，他的气质有时也跟作者的相近）。他成天读骑士小说，入了迷，下了决心要恢复早已衰落了的骑士制度。他找到祖先留下来的起锈的铠甲，又拼凑了一顶头盔，拿着一根长矛，骑着一匹瘦骨棱棱的老马，从后门溜出去。他偷偷地把邻村一个挤牛奶的姑娘当做他的"美女"；把小客栈的老板当做宫堡主人，跪在地下，要求老板正式封他为"骑士"。他得到"骑士"这个称号以后，就开始他的游侠生活，执行他理想中的骑士职务。他第一次碰了钉子，让人送回家去，可是伤一养好，他又说服了同村的帮工桑却·判沙做他的侍从，开始了第二次的出征。

堂·吉诃德幻想自己"命中注定要冒大险，成大业，立奇功"！他要"为受委屈的人报仇，为正义撑腰，惩罚一切不义的行为，征服所有为害的巨人，战胜天地间的怪物"。在他那种到了疯狂程度的幻想中，他把风车当成凶猛的巨人，羊群看作对敌的两边军队，把妓女当作闺秀，把上镣铐的犯人看作贵族，把理发师的铜盆当成魔王的头盔。他的幻想永远蒙住他的眼睛，造成他接连不断的错误，他受尽世人的辱骂和嘲笑，常常被人打得头破血流。可是他始终看不清楚事情的真相。他带着疯狂的幻想和疯狂的热情走遍他的祖国，等到他历尽千辛万苦疲惫不堪，从自己的疯狂的幻想中清醒过来，他马上就死了。

"堂·吉诃德"是世界文学史上一个光辉的典型。这个拉曼恰骑士的形象是极其复杂、极其矛盾的。他做那些疯狂的骑士行为的时候显得很可笑又很可怜，但是跟他生活在其中的庸俗无聊的社会对比他又显得很高尚了。例如，他们主仆两人在公爵家中作客的时候，虽然他们不断地受到公爵夫妇的愚弄，闹了好些笑话，可是在读者的眼里，他们却比公爵夫妇聪明而且高尚。别林斯基指出堂·吉诃德这个形象的二重性格的时候，这样说："堂·吉诃德深深了解真正骑士的要求，并且正确而艺术地论述了它。但是在自己充当骑士的时候，就显得荒唐而愚蠢，可是一谈到骑士制度以外的事情，他就是一个聪明人了。"的确每个细心的读者都会看见小说中的主人公时而是个不可救药的狂人，干些荒谬绝伦的骑士行为；时而他又是个令人惊服的聪明人，时常发表卓越的见解。特别是在第二部里面，当他觉得"一切的苦难都要去解救，一切的危险都要去经历"，必须跟他心目中的一切的邪恶作斗争、必须保卫真理与正义的时候，他看起来是那样地伟大、崇高；可是他平提着长矛、骑着马、向着风车冲上前去惩罚那些"可怕的巨人"的时候，他就变得愚蠢可笑了。在第二部中作者把堂·吉诃德身上的贤明的和伟大的特点写得更明显。所以屠格涅夫说："第二部中的堂·吉诃德已经不是在第一部尤其是在开头出现的那个古怪可笑、饱受打击的堂·吉诃德了。"他不单是一个"样子很悲哀的骑士，一个专为嘲笑骑士小说而创造出来的人物"，他是一个大热情家，是"理想"的忠实的仆人。固然他的"理想"是以他的疯狂的想象力从骑士小说的幻想世界中得来的，可是他完全为着自己利益以外的事情生活着，为了他人，为了同胞，想把"恶"铲除，他认为他是在对作为人类敌人的恶势力作战。他为了追求他的"理想"的实现，甘愿忍受千辛万苦。他还认为只为自己一个人生活是最无聊、最可耻的事。的确正如别林斯基所说："在所有一切著名的欧洲文学作品中，这样的把严肃和可笑，悲剧性和喜剧性，生活中的琐屑与庸俗和伟大的、美丽的东西交融在一起的例子，仅见于塞万提斯的《堂·吉诃德》。"

小说中还有一个重要人物，这就是堂·吉诃德的侍从桑却·判沙。塞万提斯把这个来自人民中间的人物写得有声有色，非常动人。桑却·判沙是一个被生活的担子压得喘不过气来的西班牙农民。他有一大堆孩子和一个饭量不小的驼背老婆。堂·吉诃德答应将来让他做一个海岛的总督，许他种种的好处。他为了这些好处才肯跟随堂·吉诃德到各地去冒险。起初他一面咒骂主人的疯狂的幻想，一面希望随时碰到发财的机会。可是他渐渐地爱起他的主人来了。他重视堂·吉诃德的高尚的品质，重视主人的好心肠。虽然他始终没有得到半个工钱，而且陪着主人一路挨打、吃苦，可是他不肯抛弃主人。他那自私自利的打算和小心谨慎的态度都没有了。下面一个动人的例子把农民桑却·判沙的优良品质表现得非常突出：那位把堂·吉诃德请到家中作客的公爵拿堂·吉诃德主仆两人开玩笑，定出一系列的计划来捉弄他们。公爵就派桑却·判沙做一个海岛的总督。所谓海岛不过是一个村子。桑却到任以后，非常认真地执行职务，审理案件，一切处理得十分公正。过了八天，由于公爵安排好的"敌人夜袭"的恶作剧，桑却辞职离开了"海岛"，临走的时候要他的下属去报告公爵："我来的时候没有带一文钱，去的时候也不带走一文钱，跟别的海岛的总督完全不同。"他回去见到公爵夫妇也说："承蒙好意……派我治理巴拉达利亚海岛。我去的时候是光光的一身，现在还是光光的一身。……至于我治理得好或坏，有见证人在，他们高兴怎样说，就怎样说吧。"这段话完全说出了劳动人民的正直无私、光明磊落的心地，也说明了西班牙人民对于腐败无能的封建统治的控诉以及对于正义和幸福生活的愿望。作者不但严厉地谴责了整个官僚制度，而且让我们看见在普通农民桑却·判沙的身上有着多少宝贵的善良品质，有着多少健全的见识！

　　通过堂·吉诃德主仆两人在西班牙各地的游侠旅行，小说的作者给我们提供了十六世纪末到十七世纪初西班牙生活的一幅真实的图画。小说中穿插了许多动人的故事。小说中先后出现了将近七百多个人物，包括贵族、官僚、神父、地主、农人、牧羊人、骡夫、客店老板、医生、理发师、女佣人、妓女、江湖艺人、囚犯、强盗等等，全面地反映出西班牙社会、政治和经济生活的各个方面：一面是宫廷贵族和教会人士的荒淫无耻，一面是农民和手艺人的贫困饥饿。作者用了高度现实主义的手法描绘了这一切。每个场面都很生动，每个人物都是有血有肉的活人，每个故事都强有力地打动读者的心。正如别林斯基所说："他的小说中所有的人物都是具体的、典型的。""他是在描绘现实。"的确，塞万提斯的《堂·吉诃德》是文艺复兴时代最初的一部现实主义小说。

　　这是一部西班牙人民的庄严的史诗，一部充满智慧和人道主义精神的伟大著作。它表现了广大人民对封建贵族和天主教教会的强烈抗议，对被压迫者和被侮辱者的无限的同情，对自由与正义的热烈的渴望。西班牙人民在争取自由和民主的斗争中，不止一次地受到这部作品的鼓舞；就是在今天对于为着社会的进步、为着民族的独立、为着和平与正义的事业而奋斗的各国人民，这部杰出的古典现实主义小说，仍然有强烈的感染力量。

　　塞万提斯的理想是一个普遍平等和幸福的"黄金时代"。他借堂·吉诃德的嘴，这样说过：

　　"幸运的时期，幸运的年代，古代的人叫它做'黄金时代'，并不是因为在我们这个铁器时代中看得非常珍贵的黄金在那个幸运时期可以不劳而获，而是因为那个时候的人还不知道什么叫做'你的'，什么叫做'我的'。

　　"在那些神圣的年代里，一切东西都是人们所共有的。

　　"在那时候，一切都是和平，都是和睦，都是融洽……"

　　塞万提斯所赞美的、所渴望的"和平"和"美好生活"，也就是今天全世界爱好和平的人民，全世界进步人类所共同追求的目标，所以这一部鼓舞人类前进的伟大的小说，将永远活在人民中间，与人类一同长寿。

朱光潜：

最是读书使人美

谈读书（一）

朋友：

中学课程很多，你自然没有许多时间去读课外书。但是你试抚心自问：你每天真抽不出一点钟或半点钟的功夫么？如果你每天能抽出半点钟，你每天至少可以读三四页，每月可以读一百页，到了一年也就可以读四五本书了。何况你在假期中每天断不会只能读三四页呢？你能否在课外读书，不是你有没有时间的问题，是你有没有决心的问题。

世间有许多人比你忙得多。许多人的学问都在忙中做成的。美国有一位文学家科学家和革命家富兰克林，幼时在印刷局里做小工，他的书都是在做工时抽暇读的。不必远说，你应该还记得，国父孙中山先生，难道你比那一位奔走革命席不暇暖的老人家还要忙些么？他生平无论忙到什么地步，没有一天不偷暇读几页书。你只要看他的《建国方略》和《孙文学说》，你便知道他不仅是一个政治家，而且还是一个学者。不读书讲革命，不知道"光"的所在，只是窜头乱撞，终难成功。这个道理，孙先生懂得最清楚的，所以他的学说特别重"知"。

人类学问逐天进步不止，你不努力跟着跑，便落伍退后，这固不消说。尤其要紧的是养成读书的习惯，是在学问中寻出一种兴趣。你如果没有一种正常嗜好，没有一种在闲暇时可以寄托你的心神的东西，将来离开学校去做事，说不定要被恶习惯引诱。你不看见现在许多叉麻雀抽鸦片的官僚们绅商们乃至于教员们，不大半由学生出身么？你慢些鄙视他们，临到你来，再看看你的成就吧！但是你如果在读书中寻出一种趣味，你将来抵抗引诱的能力比别人定要大些。这种兴趣你现在不能寻出，将来永不会寻出的。凡人都越老越麻木，你现在已比不上三五岁的小孩子那样好奇、那样兴味淋漓了。你长大一岁，你感觉兴味的锐敏力便须迟钝一分。达尔文在自传里曾经说过，他幼时颇好文学和音乐，壮时因为研究生物学，把文学和音乐都丢开了，到老来他再想拿诗歌来消遣，便寻不出趣味来了。兴味要在青年时设法培养，过了正常时节，便会萎谢。比方打网球，你在中学时欢喜打，你到老都欢喜打。假如你在中学时代错过机会，后来要发愿去学，比登天边要难十倍。养成读书习惯也是这样。

你也许说，你在学校里终日念讲义看课本就是读书吗？讲义课本着意在平均发展基本知识，固亦不可不读。但是你如果以为念讲义看课本，便尽读书之能事，就是大错特错。第一，学校功课门类虽多，而范围究极窄狭。你的天才也许与学校所有功课都不相近，自己在课外研究，去发现自己性之所近的学问。再比方你对于某种功课不感兴趣，这也许并非由于性不相近，只是规定课本不合你的口胃。你如果能自己在课外发现好书籍，你对于那种功课的兴趣也许就因而浓厚起来了。第二，念讲义看课本，免不掉若干拘束，想借此培养兴趣，颇是难事。比方有一本小说，平时自由拿来消遣，觉得多么有趣，一旦把它拿来当课本读，用预备考试的方法去读，便不免索然寡味了。兴趣要逍遥自在地不受拘束地发展，所以为培养读书兴趣起见，应该从读课外书入手。

书是读不尽的，就读尽也是无用，许多书没有一读的价值。你多读一本没有价值的书，便丧失可读一本有价值的书的时间和精力；所以你须慎加选择。你自己自然不会选择，须去就教于批评家和专门学者。我不能告诉你必读的书，我能告诉你不必读的书。许多人曾抱定宗旨不读现代出版的新书，因为许多流行的新书只是迎合一时社会心理，实在毫无价值，经过时代淘汰而巍然独存的书才有永久性，才值得读一遍两遍以至于无数遍。我不敢劝你完全不读新书，我却希望你特别注意这一点，因为现代青年颇有非新书不读的风气。别的事都可以学时髦，惟有读书做学问不能学时髦。我所指不必读的书，不是新书，是谈书的书，是值不得读第二遍的书。走进一个图书馆，你尽管看见千卷万卷的纸本子，其中真正能够称为"书"的恐怕难上十卷百卷。你应该读的只是这十卷百卷的书。在这些书中间，你不但可以得较真确的知识，而且可以于无形中吸收大学者治学的精神和方法。这些书才能撼动你的心灵，激动你的思考。其他像"文学大纲"、"科学大纲"以及杂志报章上的书评，实在都不能供你受用。你与其读千卷万卷的诗集，不如读一部《国风》或《古诗十九首》，你与其读千卷万卷谈希腊哲学的书籍，不如读一部柏拉图的《理想国》。

你也许要问我像我们中学生究竟应该读些什么书呢？这个问题可

是不易回答。你大约还记得北平京报副刊曾征求"青年必读书十种"，结果有些人所举十种尽是几何代数，有些人所举十种尽是史记汉书。这在旁人看起来似近于滑稽，而应征的人却各抱有一番大道理。本来这种征求的本意，求以一个人的标准做一切人的标准，好像我只喜欢吃面，你就不能吃米，完全是一种错误见解。各人的天资、兴趣、环境、职业不同，你怎么能定出万应灵丹似的十种书，供天下无量数青年读之都能感觉同样趣味发生同样效力？

我为了写这封信给你，特地去调查了几个英国公共图书馆。他们的青年读物部最流行的书可以分为四类。（一）冒险小说和游记，（二）神话和寓言，（三）生物故事，（四）名人传记和爱国小说。就中代表的书籍是凡尔纳的《八十天环游地球》（*Jules Verne: Around the World in Eighty Days*）和《海底二万里》（*Twenty Thousand Leagues Under the Sea*），笛福的《鲁滨逊飘流记》（*Defoe: Robinson Crusoe*），大仲马的《三剑客》（*A.Dumas: Three Musketeers*），霍桑的《奇书》和《丹谷闲话》（*Hawthorne: Wonder Book and Tangle Wood Tales*），金斯利的《希腊英雄传》（*Kingsley: Heroes*），法布尔的《鸟兽故事》（*Fabre: Story Book of Birds and Beasts*），安徒生的《童话》（*Andersen: Fairy Tales*），骚塞的《纳尔逊传》（*Southey: Life of Nelson*），房龙的《人类故事》（*Vanloon: The Story of Mankind*）之类。这些书在国外虽流行，给中国青年读，却不十分相宜。中国学生们大半是少年老成，在中学时代就欢喜煞有介事的谈一点学理。他们——你和我自然都在内——不仅欢喜谈谈文学，还要研究社会问题，甚至于哲学问题。这既是一种自然倾向，也就不能漠视，我个人的见解也不妨提起和你商量商量。十五六岁以后的教

263

育宜注重发达理解，十五六岁以前的教育宜注重发达想象。所以初中的学生们宜多读想象的文字，高中的学生才应该读含有学理的文字。

　　谈到这里，我还没有答复应读何书的问题。老实说，我没有能力答复，我自己便没曾读过几本"青年必读书"，老早就读些壮年必读书。比方在中国书里，我最欢喜《国风》、《庄子》、《楚辞》、《史记》、《古诗源》、《文选》中的书笺、《世说新语》、《陶渊明集》、《李太白集》、《花间集》、张惠言《词选》、《红楼梦》等等。在外国书里，我最欢喜济慈（Keats）、雪莱（Shelly）、柯勒律治（Coleridge）、布朗宁（Browning）诸人的诗集、索福克勒斯（Sophocles）的七悲剧，莎士比亚的《哈姆雷特》（Shakespeare：Hamlet）、《李尔王》（King Lear）和《奥瑟罗》（Othello）、歌德的《浮士德》（Goethe：Fasuts），易卜生（Ibsen）的戏剧集、屠格涅夫（Turgenef）的《处女地》（Virgin Soil）和《父与子》（Fathers and Children）、陀思妥耶夫斯基的《罪与罚》（Dostoyevsky：Crime and Punishment）、福楼拜的《包法利夫人》（Flaubert：Madame Bovary），莫泊桑（Maupassant）的小说集、小泉八云（Lafcadio Hearn）关于日本的著作等等。如果我应北平京报副刊的征求，也许把这些古董洋货捧上，凑成"青年必读书十种"。但是我知道这是荒谬绝伦。所以我现在不敢答复你应读何书的问题。你如果要知道，你应该去请教你所知的专门学者，请他们各就自己所学范围以内指定三两种青年可读的书。你如果请一个人替你面面俱到地设想，比方他是学文学的人，他也许明知青年必读书应含有社会问题科学常识等等，而自己又没甚把握，姑且就他所知的一两种拉来凑数，你就像问道于盲了。同时，你要知道读书好比探险，也不能全靠别人指导，你自己也须得费些功夫去搜求。我从来没有听见有人按照别人替他定的"青年必读书十种"或"世界名著百种"读下去，便成就一个学者。别人只能介绍，抉择还要靠你自己。

关于读书方法。我不能多说，只有两点须在此约略提起。第一，凡值得读的书至少须读两遍。第一遍须快读，着眼在醒豁全篇大旨与特色。第二遍须慢读。须以批评态度衡量书的内容。第二，读过一本书，须笔记纲要和精彩的地方和你自己的意见。记笔记不仅可以帮助你记忆，而且可以逼得你仔细，刺激你思考。记着这两点，其他琐细方法便用不着说。各人天资习惯不同，你用那种方法收效较大，我用那种方法收效较大，不是一概论的。你自己终久会找出你自己的方法，别人决不能给你一个方单，使你可以"依法炮制"。

你嫌这封信太冗长了吧？下次谈别的问题，我当力求简短。再会！

谈读书（二）

十几年前我曾经写过一篇短文谈读书，这问题实在是谈不尽，而且这些年来我的见解也有些变迁，现在再就这问题谈一回，趁便把上次谈学问有未尽的话略加补充。

学问不只是读书，而读书究竟是学问的一个重要途径。因为学问不仅是个人的事而是全人类的事，每科学问到了现在的阶段，是全人类分途努力日积月累所得到的成就，而这成就还没有淹没，就全靠有书籍记载流传下来。书籍是过去人类的精神遗产的宝库，也可以说是人类文化学术前进轨迹上的记程碑。我们就现阶段的文化学术求前进，必定根据过去人类已得的成就做出发点。如果抹煞过去人类已得的成就，我们说不定要把出发点移回到几百年前甚至几千年前，纵然能前进，也还是开倒车落伍。读书是要清算过去人类成就的总账，把几千年的人类思想经验在短促的几十年内重温一遍，把过去无数亿万人辛苦获来的知识教训集中到读者一个人身上去受用。有了这种准备，一个人总能在学问途程上作万里长征，去发见新的世界。

历史愈前进，人类的精神遗产愈丰富，书籍愈浩繁，而读书也就愈不易。书籍固然可贵，却也是一种累赘，可以变成研究学问的障碍。它至少有两大流弊。第一，书多易使读者不专精。我国古代学者因书籍难得，皓首穷年才能治一经，书虽读得少，读一部却就是一部，口诵心惟，咀嚼得烂熟，透入身心，变成一种精神的原动力，一生受用不尽。现在书籍易得，一个青年学者就可夸口曾过目万卷，"过目"的虽多，"留心"的却少，譬如饮食，不消化的东西积得愈多，愈易酿成肠胃病，许多浮浅虚骄的习气都由耳食肤受所养成。其次，书多易使读者迷方向。任何一种学问的书籍现在都可装满一图书馆，其中真正绝对不可不读的基本著作往往不过数十部甚至于数部。许多初学者贪多而不务得，在无足轻重的书籍上浪费时间与精力，就不免把基本要籍耽搁了；比如学哲学者尽管看过无数种的哲学史和哲学概论，却没有看过一种柏拉图的《对话集》，学经济学者尽管读过无数种的教科书，却没有看过亚当·斯密的《原富》①。做学问如作战，须攻坚挫锐，占住要塞。目标太多了，掩埋了尖锐所在，只东打一拳，西踏一脚，就成了"消耗战"。

读书并不在多，最重要的是选得精，读得彻底。与其读十部无关轻重的书，不如以读十部书的时间和精力去读一部真正值得读的书；与其十部书都只能泛览一遍，不如取一部书精读十遍。"好书不厌百

---

① 《原富》：即《国富论》（*An Inquiry into the Nature and Causes of the Wealth of Nations*），作者为苏格兰经济学家、哲学家亚当·斯密，此书于1776年第一次出版，《原富》是中国翻译家严复为中译本起的书名，同时也是这本专著的第一个中文译本。——编者注

回读，熟读深思子自知"，这两句诗值得每个读书人悬为座右铭。读书原为自己受用，多读不能算是荣誉，少读也不能算是羞耻。少读如果彻底，必能养成深思熟虑的习惯，涵泳优游，以至于变化气质；多读而不求甚解，则如驰骋十里洋场，虽珍奇满目，徒惹得心花意乱，空手而归。世间许多人读书只为装点门面，如暴发户炫耀家私，以多为贵。这在治学方面是自欺欺人，在做人方面是趣味低劣。

读的书当分种类，一种是为获得现世界公民所必需的常识，一种是为做专门学问。为获常识起见，目前一般中学和大学初年级的课程，如果认真学习，也就很够用。所谓认真学习，熟读讲义课本并不济事，每科必须精选要籍三五种来仔细玩索一番。常识课程总共不过十数种，每种选读要籍三五种，总计应读的书也不过五十部左右。这不能算是过奢的要求。一般读书人所读过的书大半不止此数，他们不能得实益，是因为他们没有选择，而阅读时又只潦草滑过。

常识不但是现世界公民所必需，就是专门学者也不能缺少它。近代科学分野严密，治一科学问者多固步自封，以专门为藉口，对其他相关学问毫不过问。这对于分工研究或许是必要，而对于淹通深造却是牺牲。宇宙本为有机体，其中事理彼此息息相关，牵其一即动其余，所以研究事理的种种学问在表面上虽可分别，在实际上却不能割开。世间绝没有一科孤立绝缘的学问。比如政治学须牵涉到历史、经济、

法律、哲学、心理学以至于外交、军事等等，如果一个人对于这些相关学问未曾问津，入手就要专门习政治学，愈前进必愈感困难，如老鼠钻牛角，愈钻愈窄，寻不着出路。其他学问也大抵如此，不能通就不能专，不能博就不能约。先博学而后守约，这是治任何学问所必守的程序。我们只看学术史，凡是在某一科学问上有大成就的人，都必

定于许多它科学问有深广的基础。目前我国一般青年学子动辄喜言专门，以至于许多专门学者对于极基本的学科毫无常识，这种风气也许是在国外大学做博士论文的先生们所酿成的。它影响到我们的大学课程，许多学系所设的科目"专"到不近情理，在外国大学研究院里也不一定有。这好像逼吃奶的小孩去嚼肉骨，岂不是误人子弟？

有些人读书，全凭自己的兴趣。今天遇到一部有趣的书就把预拟做的事丢开，用全副精力去读它；明天遇到另一部有趣的书，仍是如此办，虽然这两书在性质上毫不相关。一年之中可以时而习天文，时而研究蜜蜂，时而读莎士比亚。在旁人认为重要而自己不感兴味的书都一概置之不理。这种读法有如打游击，亦如蜜蜂采蜜。它的好处在使读书成为乐事，对于一时兴到的著作可以深入，久而久之，可以养成一种不平凡的思路与胸襟。它的坏处在使读者泛滥而无所归宿，缺乏专门研究所必需的"经院式"的系统训练，产生畸形的发展，对于某一方面知识过于重视，对于另一方面知识可以很蒙昧。我的朋友中有专门读冷僻书籍，对于正经正史从未过问的，他在文学上虽有造就，但不能算是专门学者。如果一个人有时间与精力允许他过享乐主义的生活，不把读书当做工作而只当做消遣，这种蜜蜂采蜜式的读书法原亦未尝不可采用。但是一个人如果抱有成就一种学问的志愿，他就不能不有预定计划与系统。对于他，读书不仅是追求兴趣，尤其是一种训练，一种准备。有些有趣的书他须得牺牲，也有些初看很干燥的书他必须咬定牙关去硬啃，啃久了他自然还可以啃出滋味来。

读书必须有一个中心去维持兴趣，或是科目，或是问题。以科目为中心时，就要精选那一科要籍，一部一部的从头读到尾，以求对于该科得到一个概括的了解，作进一步作高深研究的准备。读文学作品以作家为中心，读史学作品以时代为中心，也属于这一类。以问题为中心时，心中先须有一个待研究的问题，然后采关于这问题的书籍去读，用意在搜集材料和诸家对于这问题的意见，以供自己权衡去取，推求结论。重要的书仍须全看，其余的这里看一章，那里看一节，得到所要搜集的材料就可以丢手。这是一般做研究工作者所常用的方法，对于初学不相宜。不过初学者以科目为中心时，仍可约略采取以问题为中心的微意。一书作几遍看，每一遍只着重某一方面。苏东坡《与王郎书》曾谈到这个方法：

少年为学者，每一书皆作数次读之。当如入海百货皆有，人之精力不能并收尽取，但得其所欲求者耳。故愿学者每一次作一意求之，如欲求古今兴亡治乱圣贤作用，且只作此意求之，勿生余念；又别作一次求事迹文物之类，亦如之。他皆仿此。若学成，八面受敌，与慕涉猎者不可同日而语。

朱子尝劝他的门人采用这个方法。它是精读的一个要诀，可以养成仔细分析的习惯。举看小说为例，第一次但求故事结构，第二次但注意人物描写，第三次但求人物与故事的穿插，以至于对话、辞藻、社会背景、人生态度等等都可如此逐次研求。

读书要有中心，有中心才易有系统组织。比如看史书，假定注意的中心是教育与政治的关系，则全书中所有关于这问题的史实都被这中心联系起来，自成一个系统。以后读其它书籍如经子专集之类，自然也常遇着关于政教关系的事实与理论，它们也自然归到从前看史书时所形成的那个系统了。一个人心里可以同时有许多系统中心，如一部字典有许多"部首"，每得一条新知识，就会依物以类聚的原则，汇归到它的性质相近的系统里去，就如拈新字贴进字典里去，是人旁的字都归到人部，是水旁的字都归到水部。大凡零星片断的知识，不但易忘，而且无用。每次所得的新知识必须与旧有的知识联络贯串，这就是说，必须围绕一个中心归聚到一个系统里去，才会生根，才会开花结果。

记忆力有它的限度，要把读过的书所形成的知识系统，原本枝叶都放在脑里储藏起，在事实上往往不可能。如果不能储藏，过目即忘，则读亦等于不读。我们必须于脑以外另辟储藏室，把脑所储藏不尽的都移到那里去。这种储藏室在从前是笔记，在现代是卡片。记笔记和做卡片有如植物学家采集标本，须分门别类订成目录，采得一件就归入某一门某一类，时间过久了，采集的东西虽极多，却各有班位，条理井然。这是一个极合乎科学的办法，它不但可以节省脑力，储有用的材料，供将来的需要，还可以增强思想的条理化与系统化。预备做研究工作的人对于记笔记做卡片的训练，宜于早下工夫。

谈读诗与趣味的培养

据我的教书经验来说，一般青年都欢喜听故事而不欢喜读诗。记得从前在中学里教英文，讲一篇小说时常有别班的学生来旁听；但是遇着讲诗时，旁听者总是瞟着机会逃出去。就出版界的消息看，诗是一种滞销货。一部大致不差的小说就可以卖钱，印出来之后一年中可以再版三版。但是一部诗集尽管很好，要印行时须得诗人自己掏腰包做印刷费，过了多少年之后，藏书家如果要买它的第一版，也用不着费高价。

从此一点，我们可以看出现在一般青年对于文学的趣味还是很低。在欧洲各国，小说固然也比诗畅销，但是没有在中国的这样大的悬殊，并且有时诗的畅销更甚于小说。据去年的统计，法国最畅销的书是波德莱尔的《罪恶之花》。这是一部诗，而且并不是容易懂的诗。

一个人不欢喜诗，何以文学趣味就低下呢？因为一切纯文学都要有诗的特质。一部好小说或是一部好戏剧都要当作一首诗看。诗比别类文学较谨严，较纯粹，较精致。如果对于诗没有兴趣，对于小说戏剧散文学等的佳妙处也终不免有些隔膜。不爱好诗而爱好小说戏剧的人们大半在小说和戏剧中只能见到最粗浅的一部分，就是故事。所以他们看小说和戏剧，不问他们的艺术技巧，只求它们里面有有趣的故事。他们最爱读的小说不是描写内心生活或者社会真相的作品，而是《福尔摩斯侦探案》之类的东西。爱好故事本来不是一件坏事，但是如果要真能欣赏文学，我们一定要超过原始的童稚的好奇心，要超过对于《福尔摩斯侦探案》的爱好，去求艺术家对于人生的深刻观照以及他们传达这种观照的技巧。第一流小说家不尽是会讲故事的人，第一流小说中的故事大半只像枯树搭成的花架，用处只在撑扶住一园锦绣灿烂生气蓬勃的葛藤花卉。这些故事以外的东西就是小说中的诗。读小说只见到故事而没有见到它的诗，就像看到花架而忘记架上的花。要养成纯正的文学趣味，我们最好从读诗入手。能欣赏诗，自然能欣赏小说戏剧及其他种类文学。

如果只就故事说，陈鸿的《长恨歌传》未必不如白居易的《长恨歌》或洪昇的《长生殿》，元稹的《会真记》未必不如王实甫的《西厢记》，兰姆（Lamb）的《莎士比亚故事集》未必不如莎士比亚的剧本。但是就文学价值说，《长恨歌》、《西厢记》和莎士比亚的剧本都远非它们所根据的或脱胎的散文故事所可比拟，我们读诗，须在《长恨歌》、《西厢记》和莎士比亚的剧本之中寻出《长恨歌传》、《会真记》和《莎士比亚故事集》之中所寻不出来的东西。举一个很简单的例来说，比如，贾岛的《寻隐者不遇》：

273

松下问童子，言师采药去。只在此山中，云深不知处。

或是崔颢的《长干行》：

君家何处住？妾住在横塘。停舟暂借问，或恐是同乡。

里面也都有故事，但是这两段故事多么简单平凡？两首诗之所以为诗，并不在这两个故事，而在故事后面的情趣，以及抓住这种简朴而隽永的情趣，用一种恰如其分的简朴而隽永的语言表现出来的艺术本领。这两段故事你和我都会说，这两首诗却非你和我所作得出，虽然从表面看起来，它们是那么容易。读诗就要从此种看来虽似容易而实在不容易作出的地方下功夫，就要学会了解此种地方的佳妙。对于这种佳妙的了解和爱好就是所谓"趣味"。

各人的天资不同，有些人生来对于诗就感觉到趣味，有些人生来对于诗就丝毫不感觉到趣味，也有些人只对于某一种诗才感觉到趣味。但是趣味是可以培养的。真正的文学教育不在读过多少书和知道一些文学上的理论和史实，而在培养出纯正的趣味。这件事实在不很容易。培养趣味好比开疆辟土，须逐渐把本非我所有的变为我所有的。记得我第一次读外国诗，所读的是《古舟子咏》，简直不明白那位老船夫因射杀海鸟而受天谴的故事有什么好处，现在回想起来，这种蒙昧真是可笑，但是在当时我实在不觉到这诗有趣味。后来明白作者在意象音调和奇思幻想上所做的功夫，才觉得这真是一首可爱的杰作。这一点觉悟对于我便是一层进益。而我对于这首诗所觉到的趣味也就是我所征服的新领土。我学西方诗是从十九世纪浪漫派诗人入手，从前只觉得这派诗有趣味，讨厌前一个时期的假古典派的作品，不了解法国象征派和现代英国的诗；对它们逐渐感到趣味，又觉得我从前所爱好的浪漫派诗有好些毛病，对于它们的爱好不免淡薄了许多。我又回头看看假古典派的作品，逐渐明白作者的环境立场和用意，觉得它们也有不可抹杀处，对于它们的嫌恶也不免减少了许多。在这种变迁中我又征服了许多新领土，对于已得的领土也比从前认识较清楚。对于中国诗我也经过了同样的变迁。最初我由爱好唐诗而看轻宋诗，后来我又由爱好魏晋诗而看轻唐诗。现在觉得各朝诗都各有特点，我们不能以衡量魏晋诗的标准去衡量唐诗和宋诗。它们代表几种不同的趣味，我们不必强其同。

对于某一种诗，从不能欣赏到能欣赏，是一种新收获，从偏嗜到和他种诗参观互较而重新加以公平的估价，是对于已征服的领土筑了一层更坚固的壁垒。学文学的人们的最坏的脾气是坐井观天，依傍一家门户，对于口胃不合的作品一概藐视。这种人不但是近视，在趣味方面不能有进展；就连他们自己所偏嗜的也很难真正地了解欣赏，因为他们缺乏比较资料和真确观照所应有的透视距离。文艺上的纯正的趣味必定是广博的趣味；不能同时欣赏许多派别诗的佳妙，就不能充分地真确地欣赏任何一派诗的佳妙。趣味很少生来就广博，将比开疆辟土，要不厌弃荒原瘠壤，一分一寸地逐渐向外伸张。

趣味是对于生命的彻悟和留恋，生命时时刻刻都在进展和创化，趣味也就要时时刻刻在进展和创化。水停蓄不流便腐化，趣味也是如此。从前私塾冬烘学究以为天下之美尽在八股文、试帖诗、《古文观止》和了凡《纲鉴》。他们对于这些乌烟瘴气何尝不津津有味？这算是文学的趣味吗？习惯的势力之大往往不是我们能想象的。我们每个人多少都有几分冬烘①学究气，都把自己围在习惯所画成的狭小圈套中，对于这个圈套以外的世界都视而不见，听而不闻。沉溺于风花雪月者以为只有风花雪月中才有诗，沉溺于爱情者以为只有爱情中才有诗，沉溺于阶级意识者以为只有阶级意识中才有诗。风花雪月本来都是好东西，可是这四个字联在一起，引起多么俗滥的联想！联想到许多吟风弄月的滥调，多么令人作呕！"神圣的爱情"、"伟大的阶级意识"之类大概也有一天都归于风花雪月之列吧？这些东西本来是佳丽，是神圣，是伟大，一旦变成冬烘学究所赞叹的对象，就不免成了八股文和试帖诗。道理是很简单的。艺术和欣赏艺术的趣味都必须有创造性，都必时时刻刻在开发新境界，如果让你的趣味围在一个狭小圈套里，它无机会可创造开发，自然会僵死，会腐化。一种艺术变成僵死腐化的趣味的寄生之所，它怎能有进展开发？怎能不随之僵死腐化。

艺术和欣赏艺术的趣味都与滥调是死对头。但是每件东西都容易变成滥调，因为每件东西和你熟悉之后，都容易在你的心理上养成习惯反应。像一切其他艺术一样，诗要说的话都必定是新鲜的。但是世间哪里有许多新鲜话可说？有些人因此替诗危惧，以为关于风花雪月，爱情，阶级意识等的话或都已被人说完，或将有被人说完的一日，那一日恐怕就是诗的末日了。抱这种顾虑的人们根本没有了解诗究竟是什么一回事。诗的疆土是开发不尽的，因为宇宙生命时时刻刻在变动进展中，这种变动进展的过程中每一时每一境都是个别的，新鲜的，有趣的。所谓"诗"并无深文奥义，它只是在人生世相中见出某一点

---

① 指（思想）迂腐，（知识）浅陋。——编者注

特别新鲜有趣而把它描绘出来。这句话中"见"字最吃紧。特别新鲜
有趣的东西本来在那里，我们不容易"见"着，因为我们的习惯蒙蔽
住我们的眼睛。我们如果沉溺于风花雪月，也就见不着阶级意识中的
诗；我们如果沉溺于油盐柴米，也就见不着风花雪月中的诗。谁没有
看见过在田里收获的农夫农妇？但是谁——除非是米勒（Millet）、
陶渊明、华兹华斯（Wordsworth）——在这中间见着新鲜有趣的诗？
诗人的本领就在见出常人之以不能见，读诗的用处也就在随着诗人所
指点的方向，见出我们所不能见；这就是说，觉得我们所素认为平凡
的实在新鲜有趣。我们本来不觉得乡村生活中有诗，从读过陶渊明、
华兹华斯诸人的作品之后，便觉得它有诗；我们本来不觉得城市生活
和工商业文化之中有诗，从读过美国近代小说和俄国现代诗之后，便
觉得它也有诗。莎士比亚教我们会在罪孽灾祸中见出庄严伟大，伦勃
朗（Rambrandt）和罗丹（Rodin）教我们会在丑陋中见出新奇。诗
人和艺术家的眼睛是点铁成金的眼睛。生命生生不息，他们的发现也
生生不息。如果生命有末日，诗总会有末日。到了生命的末日，我们
自无容顾虑到诗是否还存在。但是有生命而无诗的人虽未到诗的末日，
实在是早已到生命的末日了，那真是一件最可悲哀的事。"哀莫大于
心死"，所谓"心死"就是对于人生世相失去解悟和留恋，就是对于
诗无兴趣。读诗的功用不仅在消愁遣闷，不仅是替有闲阶级添一件奢
侈；它在使人到处都可以觉到人生世相新鲜有趣，到处可以吸收维持
生命和推展生命的活力。

　　诗是培养趣味的最好媒介，能欣赏诗的人们不但对于其他种种文
学可有真确的了解，而且也绝不会觉得人生是一件干枯的东西。

与梁实秋先生论"文学的美"

实秋兄：

许多朋友都谈到你在《东方杂志》新年号所发表的《文学的美》，老早就想拜读，一直到今日才能读到，在费许多力找到一册《东方杂志》之后。你说得很斩截，一点不含糊，我读了觉得很痛快。你所谈的问题在我心里也盘桓了好久，我的意见也经过几番冲突。就现在说，我对于尊见有相同也有不相同的地方。意见不同，参较起来，往往顶有趣。所以我写这封信来和你一商量。

你那篇文章有三个要点：

一、"美学的原则往往可以应用到图画音乐，偏偏不能应用到文学上去，即使能应用到文学上去，所讨论的也只是文学上最不重要的一部分——美。"

二、"文学的美只能从文字上着眼。"文字的美不外音乐的美和图画的美，而这两种美在文学上都有限度，所以"美在文学里的地位是不重要的。"

三、文学的题材是"人的活动"，"文学家不能没有人生观，不能没有思想的体系。因此文学作品不能与道德无关。""若是读文学作品而停留在美感经验的阶段，不去探讨其道德的意义，虽然像是很'雅'，其实是'探龙颔而遗骊珠'"。"文学是道德的，但不注重宣传道德。"

这三个要点又可归纳到一个基本观念里去——"文学的道德性"。"类型"不能混淆，文学所以特异于其它艺术的就是它的道德性。其它艺术可以只是美，而在文学中美并不重要，最重要的是道德性。

"摘句"不是妥当的办法，你提出很多的例证说明你的基本主张，要完全明白你的意思，自然要读你的原文全豹。不过我希望在这个提要里我没有误解你的学说。我现在分条陈述鄙见聊供参较。

一、美学原理是否可以应用在文学上呢？你的意思是：美学要"分析快乐的内容，区别快乐的种类"，而文学批评"最重要的问题乃是'文学应该不应该以快乐为最终目的'；这'应该'两个字是美学所不过问而是伦理学的中心问题，所以文学批评与哲学之关系，以对伦理学为最密切"。你的意思是要着重"自然科学"与"规范科学"的分别，这是对的；你把美学看成"自然科学"，这也是对的。不过你如果以为文学批评和伦理学只能是"规范科学"而不能同时是"自然科学"恐怕有点问题。伦理学已从"规范科学"逐渐转为"自然科学"，文艺批评好像也有这种趋势。这就是说，它们不仅坐在太师椅上用严厉的口吻叫人"应该如此不应该如彼"，而同时也用自然科学方法证明"事实是如此如此"。你自己在那篇文章里就常用这第二种方法。

如果承认文艺批评有同时是"自然科学"的可能，我想它和美学的关系或不如你所说的那样不重要。因为美学的功用除你所说的"分析快乐的内容，区别快乐的种类"之外还要分析创造欣赏的活动，研究情感意象和传达媒介的关系，以及讨论一种作品在何种条件之下才可以用"美"字形容；而这些工作也是文艺批评所常关心的，每个重要的批评家——从希腊时代到现代——都可以为例证。《文学的美》的作者也似乎因文学批评而牵涉美学问题。我以为美学和文艺批评确实有一个重要的异点，但是它不在一个是"自然科学"，一个是"规范科学"，而在一个是"纯粹科学"（美学），一个是"应用科学"（文艺批评）。文艺批评不能不根据美学，正犹如应用科学不能不根据纯粹科学。

二、文学的美是否只能从文字上着眼呢？这要看"美"怎样讲，和"文字"怎样讲。"美"字不容易讲清楚，但是我觉得你所给的美的定义非常简单恰当。"一件事物在客观上须具美的条件，而欣赏者在主观上亦须具备审美的修养。有修养的人遇见一个美的条件具备的物，美感经验便可以发生。"这个定义包含三项要素：（一）物的美的条件，（二）人的审美修养，（三）人与物接触后所生的美感经验。如果离开这三要素中任何一项而去讲美，不是犯唯心主义的毛病，就是犯唯物主义的毛病，你自己在那篇文章里说得很清楚。不过在阐明你的基本学说时，你似乎放弃了你的出发点，而专从第一个要素——物的美的条件——去讲文学的美。这办法有毛病，你所举的 Birkhoff 的例子和 Perry 的例子都可以证明。物的条件的美尽管相同——如 Perry 的两个例子——而在事实上可以不是同样的美。所以你从文字所给的声音和图画两方面讨论"文学的美"，恐怕还是像一般分析技巧者一样，只能注意到形骸而遗去精髓。这种办法本来是你所反对的，但是你认定文学的美只能在音乐图画上见出，恐怕要被逼走上这条路。

其次，讲到"文字"问题，你所说的"文学的美只能从文字上着眼"可以做两样解法。一、文学所表现的都要借文字为媒介而传达出去；要了解文学的美，一定要根据文字所传达的。二、文学所用的文字本身有某几方面可以见出美，而文学的美也一定只能从这几方面见出。前一种看法是无可辩驳的，后一种看法无疑地是错误的，而且从你的文学见解看你一定以为它是错误的。但是你在说"文学的美只能从文字上着眼"时，你是指哪一种解法呢？你说，文字包含（一）声音，（二）图画，（三）情感经验，人生社会现象，道德意识等三要素。在这三要素之中，你只承认声音和图画可以美，而情感经验，人生社会现象，道德意识等则"与美无关"。这样看来，你似乎在无心之中采用上述第二种解法。至少，你的"文学的美只能从文字上着眼"一句话，如果说得明白一点，应该是"文学的美只能在文字所给的一部分东西上——音乐和图画——见出"。

这一说在你那篇文章里最为创见，也最易引人怀疑。何以情感经验，人生社会现象，以至于道德意识不能成为美感经验的对象呢？你的基本学说能否成立，就要看你对于这个问题能否回答得圆满。你在那篇文章里似乎没有给读者所期望的答复。

问题的焦点在你所说的"图画"两个字。它可以指（一）画家的作品（picture），可以指（二）心中的视觉意象（visual image），可以指（三）心中的一切意象（mental image），包含视听嗅味触运动诸器官所生的印象在内，也可以指（四）心中一切观照的对象 object of contemplation），即一般人所说的"意境"。文学的"图画"究竟是指哪一种呢？你所说的"图画"似乎专指"视觉意象"，所以说"离开视觉便无所谓意境"。不过我的一点心理学和文艺的粗浅常识令我对于这种看法起怀疑。视觉以外的器官都不能产生意象吗？文艺绝对不用视觉以外的意象吗？这一层还是小事，最大的问题是你把文学中的情感经验，人生社会现象和道德意识都认为"与美无关"。你所以达到这个结论似乎因为你想这些东西不能成为"图画"。不错，它们不能成为"视觉意象"；但是它们可以成为"观照对象"，或"意境"。可以成为"观照对象"的事物都有令人觉得"美"的可能。这是柏拉图在《会饮篇》里所得的结论，后来思想家做同样看法的不可胜数。康德的名言也可以为证。他说："世间有两件事物你愈观照愈觉其伟大幽美，一是天上的繁星，一是我们心里的道德律。"一切"好"的东西都可以看成"美"的，这也是常识所给的判断，在中文里，"好"与"美"有时是同义字，你也许比我知道得更清楚，希腊文和近代德文都只有一个字（kavos 和 schön）公用于"好"与"美"。在英文里"好"（good）和"美"（beautiful）虽分开，有时也可以互代。法文的"好"（bon）和"美"（beau）也是如此。你在那篇文章末尾引《创世纪》第一段说"有人曾指陈：上帝看光是好的，没有看光是美的……虽是神话，可深长思"。我不懂希伯来文，不知"好"字在原文中所有的分寸，不过就语气而论，我觉得这里"好"字并不必是专指"善"或专指"美"，而是同时指"善"又指"美"的，也许指"美"的成分还更多。

你的文学的图画观还逼你走上另一种可使人认为危险的路，就是否认长篇作品可以当作一个完整的"意境"看。你说，"像日本芭蕉的俳句……寥寥十余字，画出一个完美的意境。长了便不行。……'莎士比亚'的伟大的悲剧……"谈不到什么意境。顶多我们只可以摘句，说某某佳句有好的意境；若就整个的来讲，其意义当别有所在。……所谓意境在伟大作品里永远是点缀而已。"你和我都同样地爱好"古典"。你在这里似乎放弃了"古典主义"一个基本信条——艺术的有机的完整性。这层姑且不说，且信任常识。我们不能把莎士比亚的《李尔王》或是弥尔顿的《失乐园》看作一座伟大的建筑，在心中造成一个丰富而完整的意象，而觉得它的部分与部分以及部分与全体互相映衬，互相撑持，互相调和吗？就拿图画来作比，我们不能把它看作一幅长手卷或是一间大壁画，而觉到它前后左右景物的承接，阴阳照应，气魄贯注吗？前人本有诗不宜长的说法，爱伦·坡和你同样想，你所攻击的克罗齐也和你同样想。不过他们所以为不能延长持久的是情感，而你所指的是"图画"是"意境"。情感和意境本相联，不过情感能否延长持久和意境能否延长持久似为两个不同的问题。把你的学说推到它不可免的结论，欣赏长篇作品就成为不可能的事了。

三、"文学家不能没有人生观，不能没有思想的体系，因此文学作品不能与道德无关。"在这个基本问题上我和你的态度是完全一致的。不过你以为"与道德有关"是文学所以异于其它艺术的。你在第一段里说，看一幅画，我们只能说"美"，看一篇文学作品，我们不能只说"美"，还得说"好"。你在最后一段里说，"文艺虽是艺术而不纯是艺术，文学和音乐图画是不同的"，所谓"不纯是艺术"者则在"文学家不能没有人生观，不能没有思想的体系，文学作品不能与道德无关"。请问：站在同样的立场上，我们不能说其他艺术家也有同样的需要吗？想一想中世纪及文艺复兴时代的艺术全部，想一

283

想贝多芬的乐曲，想一想中国所流行的文人画，我们可以说这些和文学的不同在它们"与道德无关"吗？在它们的作者"没有人生观和思想的体系"吗？

其次，文艺是否有关道德是一个问题，文艺应否有意宣传道德又是另一个问题，你分辨得很清楚，但是你说读者读任何作品都必"探讨其道德的意义"，我也颇怀疑。作者既不必"宣传道德"，读者何以必须在他的作品中"探讨其道德的意义"呢？而且"与道德有关"和"有道德的意义"似也微有分别。一个作品可以"与道德有关"（就其为人生观照及产生影响而言）而没有"道德的意义"（就其不宣传道德教训而言）。你提起莎士比亚，我想来想去，除了他对于人生观照深广冷静而外，想不出他的哪一部作品里有所谓"道德的意义"。我相信我可以在无形中从读他的作品而得到道德的影响，但是我不能在他的任何作品里探讨出一个可以明白地叙述出来的"道德的意义"。不过关于这一层，我很愿自招愚昧。我只是提出一个愚昧者的疑问，不敢下什么结论。

话说得太冗长了。我现在把我的意见总束①起来。维护文学的"道德性"，我和你同样的热心。我们所不同者：（一）你以为"道德性"是文学与其它艺术的相异点，文学不纯粹的是艺术，我以为它是一切艺术的共同点，文学是一种纯粹的艺术；（二）你以为"道德性"在文学中是超于美的，我以为它在文学中可以成为美感观照的对象，"真"与"善"可以用"美"字形容，正犹如"美"可以用"真"字或"善"字形容；（三）因为上述两种分歧，你所谓"美"意义比较狭窄，专

---

① 即总结的意思。——编者注

指文字所给的音乐和图画，所以你认为"美"在文学中最不重要；我所谓"美"含义较广，指文字所传达的一切——连情感思想在内，所以我认为"美"在文学中的重要不亚于其它艺术。这些都是基本上的分别。至于（一）美学原则可否应用于文学批评和（二）长篇作品可否具完整意境两点似乎都是枝节问题。

我觉得你在《文学的美》里所提出来的是一个很重要的问题，值得大家仔细讨论。我在这封信里所写出来的是对于这个问题的另一种看法。我很希望你能够抽出一点功夫来把它衡量一下，不客气地加以评正，专此顺颂。

著祺。

图书在版编目（CIP）数据

力量：与大师一起读书成长 / 季羡林等著. —北京：国际文化出版公司，
2015.11

ISBN 978-7-5125-0815-6

I. ①力… II. ①季… III. ①成功心理—通俗读物 IV. ① B848.4-49

中国版本图书馆 CIP 数据核字（2015）第 243522 号

力量：与大师一起读书成长

作　　者	季羡林等	
责任编辑	戴　婕	
统筹监制	葛宏峰　李　莉	
策划编辑	李　莉	
特约编辑	雷　娜	
美术编辑	秦　宇	
出版发行	国际文化出版公司	
经　　销	国文润华文化传媒（北京）有限责任公司	
印　　刷	北京柯蓝博泰印务有限公司	
开　　本	710 毫米 ×1000 毫米	16 开
	18.5 印张	211 千字
版　　次	2015 年 11 月第 1 版	
	2018 年 12 月第 2 次印刷	
书　　号	ISBN 978-7-5125-0815-6	
定　　价	36.00 元	

国际文化出版公司

北京朝阳区东土城路乙 9 号　　邮编：100013
总编室：（010）64271551　　传真：（010）64271578
销售热线：（010）64271187
传真：（010）64271187-800
E-mail：icpc@95777.sina.net
http://www.sinoread.com